少年知本家
身边的科学
SHAONIAN ZHIBENJIA SHENBIAN DE KEXUE

走进数学世界

胡 郁◎主编

时代出版传媒股份有限公司
安徽美术出版社
全国百佳图书出版单位

图书在版编目（CIP）数据

走进数学世界/胡郁主编.—合肥：安徽美术出版社，
2013.3（2021.11 重印）（少年知本家.身边的科学）
ISBN 978－7－5398－4253－0

Ⅰ.①走… Ⅱ.①胡… Ⅲ.①数学－青年读物②数学－
少年读物 Ⅳ.①O1－49

中国版本图书馆 CIP 数据核字（2013）第 044200 号

少年知本家·身边的科学
走进数学世界
胡郁 主编

出 版 人：王训海
责任编辑：张婷婷
责任校对：倪雯莹
封面设计：三棵树设计工作组
版式设计：李　超
责任印制：缪振光
出版发行：时代出版传媒股份有限公司
　　　　　安徽美术出版社（http://www.ahmscbs.com）
地　　址：合肥市政务文化新区翡翠路 1118 号出版传媒广场 14 层
邮　　编：230071
销售热线：0551-63533604　0551-63533690
印　　制：河北省三河市人民印务有限公司
开　　本：787mm×1092mm　　1/16　　印 张：14
版　　次：2013 年 4 月第 1 版　　2021 年 11 月第 3 次印刷
书　　号：ISBN 978－7－5398－4253－0
定　　价：42.00 元

数学是一门有实用意义的学科，它是研究数量、结构、变化以及空间模型等概念的一门学科。通过抽象化和逻辑推理的使用，由计数、计算、量度和对物体形状及运动的观察中产生。

数学的基本要素是：逻辑和直观、分析和推理、共性和个性。

数学就像人们的良师益友，指引人类攀登知识高峰的每一步。数学这门学科有着巨大的实用价值，正如一些数学家所说的那样："在数学的世界里，甚至还有一些像诗画那样美丽的风景。"加里宁也说过："数学可以使人们的思想纪律化，能教会人们合理地思维着。无怪乎人们说数学是思想的体操。"

数学，作为人类思维的表达形式，反映了人们积极进取的意志、缜密周详的逻辑推理及对完美境界的追求。

在知识繁荣的今天，数学已经是一门应用范围极广、内容极为丰富、系统极其庞大的学科，是人们认识客观世界的重要工具，也是研究各门学科必不可少的重要工具。所以，我们编纂了这本《走进数学世界》。

这本书是编者精心收集整理大量资料之后汇编而成的，囊括了各个方面的数学知识。希望读者们通过阅读本书，能轻松地掌握许多数学知识，这样编者们编写本书的目的就达到了。

C ONTENTS
目录 走进数学世界

数的发明发现

　　无论是在日常生活中还是在数学领域，如果没有"数"，那会是什么样子呢？生活里没有"数"，那就没法计量数据，或许更多的是混乱。假设数学里没有"数"，也许数学也就不复存在了吧。

　　数是神奇的，它的作用不言而喻。那么它又是怎么诞生的呢？据记载，在公元 3 世纪，阿拉伯数字被一位印度科学家发明出来，由此开启了"数"的时代。

　　了解数的发明与发现，能够极大地增强数学的趣味性。相信通过对这个漫长发展、完善过程的了解，大家一定会发现数学世界更多的神秘与精彩。

最早的数学概念

人类最早的数学概念是什么呢？是"有"和"无"。

原始人早晨出去采集或狩猎，晚上回来可能是有所收获，也可能是两手空空。这就是"有"和"无"这两个数学概念产生的实际基础。

其次就是"多"和"少"。今天采集的野果比昨天多些，可是打的野兽却比昨天少些。大致如此，没有人认真地去管它。

可到后来，认识逐渐清晰起来，特别是在数量少的时候。例如，你抓了两只老鼠，我抓了三只。我们可以一对一地比较。你摆出一只，我也摆出一只；你再摆出一只，我又摆出一只。你没得摆了，我还有摆的。明显地我比你多，你比我少。这里就是老鼠的"集合"与"集合"之间的对应关系。

原始社会是集体劳动，共同分配的。今天打了多少野兽，分成多少份肉，一人一份——这也是对应的关系。

"有"和"无"，"多"和"少"的数量感觉，甚至在动物中就有了萌芽。

生物学家做过实验，在某种鸟类和黄蜂的窝边，趁着它们不在，偷偷地增加或减少点什么——一根树棍、几根草、几颗土粒，当回来以后，它们会觉察这些变化。这种能力就是数量的感觉。

至于人类，人类因为有了思想意识，所以，他们能意识到"有"和"无"，"多"和"少"。

👁人类是如何开始计数的

◎结绳计数

在我国很多地方，老人要孩子记住一件事，总是说："在裤带上打个结吧!"上古的人正是这样，他们要记住什么事，就用绳子打个结。

这里所说的"上古"，究竟是指什么时候呢?

根据考古学家研究，在十多万年前，人们开始用绳子摔石头打猎。最初的绳子不会是草绳或麻绳，应该是一根兽皮筋之类的东西。

我国 18000 年前的山顶洞人已经使用绳子了。这是有根据的，不是凭空臆说，因为在山顶洞里发现了有孔的兽牙、海蚶壳、砾石和石珠。他们用绳子把这些穿起来，挂在脖子上当装饰品。

山顶洞人的绳子没有保存下来，他们是不是结绳记事我们也无从得知，但是，每一颗兽牙却记载着这人曾经打过一只野兽，并引以为荣，就像运动员挂了一块运动会的奖牌一样。

《易经》上说："上古结绳而治，后世圣人易之以书契。"三国时吴人虞翻(hé)在《易九家义》中也说："事大，大其绳;事小，小其绳，结之多少，随物众寡。"

这就是说:我国古代曾经用绳结来记事表数。

我国的藏族和苗族，也曾用结绳的方法来记数，如西藏的僜人邀集宴会，向亲友送绳，以绳上的结数表示宴会在几天后举行。

在国外，这样的例子也很多。

公元前 1500 年前，秘鲁的印加族人每收进一捆庄稼，就在绳子上打个结，用来记录收获的多少。

有一次，古代有个波斯国王要去远征。他命令一些战士守卫一座桥，要守60天，他找来一根很长的皮带，在上面系了60个扣，要他们每天解开一个。所有的扣子都解完了，他们就可以回家了。

近代的秘鲁人，还有存留的“打结字”，用一条横绳，挂上许多直绳，拉来拉去的结起来，网不像网，用它来记事和算数。

◎书契计数

继结绳计数之后，书契开始出现。

书契就是刻写的意思，甲骨文就是一种书契。

甲骨文上有13个数字：

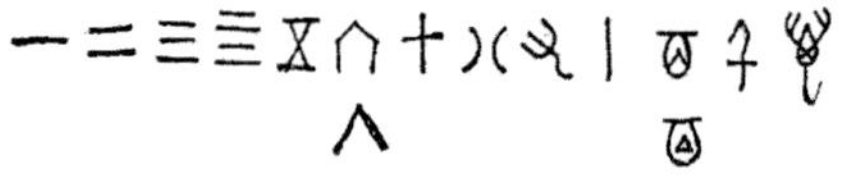

1 2 3 4 5 6 7 8 9 10 100 1000 10000

甲骨文里还有些合成字。例如：

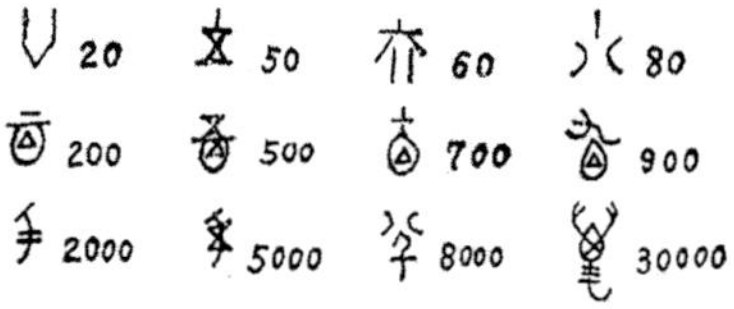

到了周秦时代（前841—前214），人们在青铜器上铸字（包括数字），这就是我们现在所说的金文。

知识小链接

金　文

金文是指铸刻在殷周青铜器上的铭文，也叫钟鼎文。金文应用的年代，上自商代的早期，下至秦灭六国，约1200年。金文的字数，据容庚《金文编》记载，共计3722个，其中可以识别的字有2420个。

到了 2000 多年前的汉朝，用来记数的文字就已经和现代汉字很接近了。

金文：一 二 三 三 三 介 十 八 九 十
　　　　　　四 ✕

汉朝：一 二 三 四 ✕ 为 七 八 九 十

现代：一 二 三 四 五 六 七 八 九 十

从 1300 多年前的唐代以来，随着商业的发展，在重要的账目、契约上，人们开始使用一套繁体的数码字，大家一看大概都会认识的：

壹贰叁肆伍陆柒捌玖拾佰仟萬

从算筹计数中也发展出一套表示数目的数码。它们有两种摆法：

直式： 〒 〒 〒 丅 三 三 二 一

横式： ⦀⦀ ⦀⦀ ⦀ 丄 ⦀⦀⦀ ⦀⦀⦀ ⦀⦀ ⦀ |

　　　9 8 7 6 5 4 3 2 1

用这些数码计数的时候，要纵横交错：个位、百位、万位等用直式，十位、千位、十万位等用横式。例如 1985 就要这样写：

一 ⦀⦀⦀ 丄 ⦀⦀⦀

在开始的时候，这套数字没有 0，遇到 0 就空一位。例如 2604，就写成：

二 丅 　 ⦀⦀⦀

你知道吗

数　码

　　数码又名数位系统，使用分离价值代表信息，用以输入、处理、传输、贮等。相对的非数码系统使用一个个连续的范围代表信息。虽然数码的表示方法是分离的，但其代表的信息可以是分离的，也可以是连续的。

南宋（1127—1279）以后，印刷术发达了，在书上用□表示空格，后来为了书写方便，又将□形顺笔改成了○形。1240 年，南宋数学家李冶和秦九韶（分别在河北和浙江），都不约而同地在他们的著作中使用了"○"。

在这套数码中，有几个数字写起来很不方便，于是又逐渐作了修改。

有一点值得注意的是，我国古代文字是从上到下，写成直行，一行写完了，再从右往左写。可是数字记数却和现在的笔算记数一样，从左到右，排成横行。

还有一点非常重要。这就是每个数字随着所在位置不同，而代表不同的数值。例如2813、5734、4375里都有3，但数值不一样。3在个位是3，在十位却是30，在百位就代表300了。这种记数方法，叫作地位值记数制。我国很早就采用十进地位制了，这为我国古代数学的迅速发展打下了良好的基础。

◎ 用画和符号记数

埃及人和美索不达米亚人在5000多年前就开始记数了。

埃及人在一种生长在尼罗河中的水草叶子上记数。他们写的数字就像画画。"一"，画一个指头；"二"，画两个指头；这样一直到"九"。"十"呢，画一个脚跟骨；"百"，画一条卷起来的绳子；"千"，画一朵莲花……

例如1985，是这样画的：

到了3800多年前，数码字才变得简化好写了：

𝈪	𝈫	𝈬	—	ᴗ	𝈭	ᴖ	=	𐤀	入
1	2	3	4	5	6	7	8	9	10

这套数码字比我国甲骨文里的数码字还要早些，是现在知道的、人类历史上最早的数码字。

4000多年前的巴比伦（现在的伊拉克）人，先用一根楔（xiē）形的棒在软泥板上刻压出楔形符号，然后在烈日下晒干。

在早期的记数法中，还有一种玛雅数字，也特别引起人的注意。玛雅文化是美洲中部的古代文化，它是在与欧、亚、非大陆隔离的情况下，独立发展起来的。

他们用"·"（小石头变来的）代表1，2就是"··"，这样一直到4（∷）。5就用一根小棒表示。6就是"<u>·</u>"，这样一直到19，就是"<u><u><u>∷∷</u></u></u>"。

然后是一个椭圆，它放在任何数下面，这个数就放大二十倍。例如：

拓展阅读

玛雅文化

玛雅文化是世界重要的古文化之一，更是美洲非常重大的古典文化。玛雅文明孕育、兴起、发展于今墨西哥合众国的尤卡坦半岛、恰帕斯和塔帕斯科两州和中美洲内的一些地方，包括今日的伯利兹、危地马拉的大部分地区、洪都拉斯西部地区和萨尔瓦多中的一些地方。后世研究者推测玛雅文化流行地区的人口最高峰时达1400万人。

20	60	100	140	200

加第二个椭圆的时候，就再乘以20。但是在计算时间的时候，却只表示乘以18。所以在计算时间的时候不是表示400，而是表示360。

有人猜测，这是原始狩猎者的年历是360天的缘故。他们一个月只有20天，一年18个月，剩下5天作为忌日。

◎用字母记数

古代希腊人本来也只是用几个符号来记数，例如用丨表示1，Γ表示5，△表示10，H表示100，X表示1000。

这几个符号，也正是希腊拼音文字的字母。他们的拼音字母共有 24 个，到了公元 5 世纪，就将它们一起用来表数，头九个字母表示 1～9，接着的九个字母表示 10～90，又想用九个字母表示 100～900。可是这一来，不是还差三个字母吗？于是又从古代和外国借来三个字母，总共用了 27 个字母来记数。

A	B	Γ	△	E	F	Z	H	θ
1	2	3	4	5	6	7	8	9
Ι	K	Λ	M	N	≡	Ο	Π	9
10	20	30	40	50	60	70	80	90
Ρ	ς	T	Y	φ	X	Ψ	Ω	λ
100	200	300	400	500	600	700	800	900

这套数字可以记到 999，如果再大，就可以在数前面画一道，表示原数的 1000 倍。

一个字母可以代表一个大数目，似乎简单方便，可是使用起来，实在太麻烦。

后来的罗马人就只保留下七个字母：

I	V	X	L	C	D	M
1	5	10	50	100	500	1000

I 是一个指头。V 就是一只手，一条线代表拇指，另一条线代表另外四个合并的手指。X 代表两手交叉。C 和 M 是"一百""一千"的第一个字母。

用这套字母记数，有一套规矩：

同样的字母并列，表示相加，但不能超过 4 个。例如 II＝2，XXX＝30。

趣味点击　拇指

拇指为手和脚的第一个指头。人手进化出了猿手所无法相比的拇指，人类的拇指远比猿类灵活有力，使人类拥有了准确的抓握能力，最终发展出使用工具的能力。竖起拇指表示对一个人的赞赏。

小数字写在大数字右边是加，例如 6 写成 Ⅵ，12 写成 Ⅻ；写在左边是减，例如 9 写成 Ⅸ，40 写成 XL，但是小数字只许用一个，例如 8 不能写成 ⅡX，而要写成Ⅷ。

例如 1985，他们是这样写的：

MCMLXXXV

数目再大怎么办？加线！也就是除了Ⅰ外，在数字上面加一横线，表示扩大 1000 倍。你能回答出下面的数目是多少吗？

$\overline{L}\,\overline{X}$ M C C XXX VII

这套数字，欧洲人长久使用，甚至现在，在旧式钟表上，在某些书籍目录上还可以看到。

说到钟表上的罗马字，为什么 4 不写成 IV 而写成 IIII。这是为什么呢？

有两个原因：

一种说法是：罗马主神叫 IVPITER，头两个字母正好是 IV，罗马人忌讳写它。

另一种说法是：英皇查理五世的名字是 Charles V，他下过一道命令，不许在他的尊号 V 的前面，再加上什么东西。所以他就废去 IV 字不用，只许写成 IIII。以后沿袭下来，钟表上就只有ⅠⅠⅠⅠ了。

如果用罗马数字计算，也是麻烦极了。看下面一个算式。

$$\begin{array}{r} \text{XVIII} \\ \text{XX II} \\ \hline \text{VI} \\ \text{XXX} \\ \text{C \ LX} \\ \text{C C} \\ \hline \text{CCCLXXXXVI} \end{array}$$

看来用罗马数字计算是十分麻烦的，甚至阻碍了数学的发展，所以罗马数字就让位给阿拉伯数字了。

◎ 用身体计数

在计数的方法中最复杂的要数巴布亚人的"身体动作表现的数"，他们利用身体动作来表现用语言无法表达的数。让我们来看看巴布亚人是怎样用身体动作表现数的。

1：右手小指　　　　6：右手手腕

2：右手无名指　　　7：右肘

3：右手中指　　　　8：右肩

4：右手食指　　　　9：右耳

5：右手拇指　　　　10：右眼

11：左眼　　　　　17：左手手腕

12：鼻子　　　　　18：左手拇指

13：嘴　　　　　　19：左手食指

14：左耳　　　　　20：左手中指

15：左肩　　　　　21：左手无名指

16：左肘　　　　　22：左手小指

如上所述，现在数的体系有了很大的发展，但仍有古代计数的痕迹。时间为 12 小时和一年为 12 个月的 12 进制；角度和时间中，1 小时分为 60 分、1 分为 60 秒的 60 进制；德国农民用于农事的 5 进制日历；就是现在计算机运用的 2 进制也可从"阴阳学说"中找到根源。古代大部分民族都曾使用，现在我们也正在使用的 10 进制完全是因为人类有 10 个手指这一生理特征。如果人类的手指是 7 个或 9 个的话，也许现在使用的是 7 进制或 9 进制。

知识小链接

进　制

　　进制也就是进位制，是人们规定的一种进位方法。对于任何一种进制——X 进制，就表示某一位置上的数运算时是逢 X 进一位。十进制是逢十进一，十六进制是逢十六进一。

　　事实上，古代巴比伦使用的是 60 进制，即使到了 17 世纪欧洲还常用这一进制。他们为什么放着简便而又自然的 10 进制不用，而非得用复杂而又不自然的 60 进制呢？虽不知道确切的原因，但推测如下：

　　10 和 60 相比融通性较差，10 只有 2 和 5 两个约数，而 60 有 2，3，4，5，6，10，12，15，20，30 十个约数。在现实生活中经常会出现某一数被分成 2、3、4、5 等份的情况，目前还在广泛使用的 $\frac{1}{4}$ 单位就是例子。4 不能整除 10，但能整除 60，所以 60 进制比 10 进制更容易避开小数的复杂计算。使用 60 进制最大

你知道吗

约　数

　　整数 a 除以整数 b（$b \neq 0$）除得的商正好是整数而没有余数，我们就说 a 能被 b 整除，或 b 能整除 a。a 叫 b 的倍数，b 叫 a 的约数（或因数）。在大学之前，所指的一般都是正约数。约数和倍数相互依存，不能单独说某个数是约数或倍数。一个数的约数是有限的。

的理由是表示小数的分数数量要比 10 进制的多。实际使用中，将某一区间 10 等分则会变成 0.1，0.2，0.3，…，0.9，1，再将它们 10 等分，就会变成 0.01，0.02，…，0.09，0.1，如此继续下去，可将分数变成小数。但不幸的是最简单的 1/3 却不能用小数表示，因为 3 不是 10 的约数。

◎ 阿拉伯数字

　　现在世界上通用的数字：0，1，2，3，4，5，6，7，8，9，叫作阿拉伯数字。但是，实际上，这套数字是阿拉伯人从印度人那里借用来的。而印度数字又很可能起源于中国。

　　我们先看看印度 6 世纪的数字：

一　二　三　Ψ ㄓ　ρ З　ㄓ　ㄱ　ㄐㄅ

　1　　2　　3　　4　　　5　　6　　7　　　8

З　ɑα　θ　ㄣㄅ　乚　刀　刀　ㄣ

9　　10　　20　　40　　70　　100　　200　　500

ㄢ　ㄢ　ㄢ　ㄢㄗ　ㄢㄅ　ㄢㄥ

1000　2000　3000　4000　8000　7000

　　这套数字，除1～9以外，十位数、百位数、千位数、万位数，也都各给一个符号，这和埃及、巴比伦等数字不是差不多吗？

　　关键是没有采用十进地位制（巴比伦数字有地位制概念，但是它是六十进位的），也没有"零"。如果不加以改造，这套数字就会跟古代埃及、巴比伦等数字一样，湮没无闻，不会对世界文化有什么贡献了。

　　而我们中国早在春秋战国时期，就已经有了十进位制的筹算方法，并且遇零空位。

　　中国和印度，早在公元前就有了商业往来，十进位制这种极为出色的创造，不可能不对印度计数方法产生影响。

　　到了公元7世纪，印度才采用十进位制记数。

　　"0"这个符号在古老的印度文献中倒是有的，表示"空位"。以后，又曾用"·"代表"0"。

　　这套数字，是公元8世纪前传入阿拉伯的。可是，8世纪的时候，阿拉伯征服了西班牙，于是这套数字又被传到欧洲。另外，阿拉伯人在873年的时候，已经开始用"·"代表零。例如用"2·9"表示"209"。那时候，还没有这个"0"。

基本
小知识

雕刻

　　雕刻是雕、刻、塑三种创制方法的总称。指用各种可塑材料或可雕、可刻的硬质材料，创造出具有一定空间的可视、可触的艺术形象，借以反映社会生活，表达艺术家的审美感受、审美情感、审美理想。

从公元 786 年的印度雕刻上，我们看到了"0"的应用，因为刻文里说到 50 个花冠，这"50"刻作"၄0"。

这套数字，一边流传，一边也在变化。例如"一""二""三"的写法，和我国古代数字的写法一样，而和现在的阿拉伯数字不同。后来，"一"从横写变成了直写："1"，"二"和"三"呢？写快一点，就是这样：

$$二 \to Z \to 2$$
$$三 \to Z \to 3$$

10 世纪的时候，欧洲出现的阿拉伯数字是这样的：

$$1 \ Z \ \{ \ \} \ \} \ U \ V \ 7 \ 9 \ 0$$

这套带"0"的数字，是经过阿拉伯商人的传播和改进，随着香料和丝织品，传到欧洲的。

开始，一些欧洲人，接受外国来的香料和丝织品，却因为这十个数字是外国来的而拒绝接受这份贵重的文化礼物。例如 13 世纪，佛罗伦萨就有禁止银行家使用阿拉伯数字的法律。到了 14 世纪，巴杜阿大学还坚持用罗马数字标书的价格。

但是好的终究是好的。由于新数字系统在书写和计算上的无比便利，它终于战胜了傲慢与偏见，渐渐地在欧洲传播开来了。

在 14 世纪，欧洲通用的数字，已经变得和现在的差不多了。

基本小知识

中国计数法

中国人在计数时，常常用笔画"正"字，一个"正"字有五画，代表 5，两个"正"字就是 10，以此类推。这个计数方法简便易懂，很受中国人欢迎。据说这种方法最初是戏院司事们记"水牌账"用的。到现在很多中国人在统计选票、清点财物等时候，都还保持着用"正"字计数的习惯。

阿拉伯数字在唐朝开元年间（公元 8 世纪），就传入了中国，但没有被广泛采用。直到 13—14 世纪，才从西方传入中国，逐渐广泛使用起来。

现在，阿拉伯数字已经传遍了全世界绝大部分地区，作为最好的记数符号为世界绝大多数人所采用了。

 "0" 的来历及意义

"0" 的最初含义是"没有"。古人认为，既然什么也没有，就不必专门确定一个符号。

后来，人们用位值制记数时经常会碰到缺位的数，比如204，怎么表示中间的空位呢？古代印度人用"·"占位，我国开始时用空位，后来用"□"占位，再后来又用"○"占位。

据英国史学家考证，大约在1500多年前，0最先出现于中国和印度交界地区，很可能是两国人民的共同创造。人类从认识"1"到认识"0"，差不多用了5000年的时间。

0诞生以后，先从印度传到阿拉伯国家，又从阿拉伯国家传到罗马。由于罗马数字不是采用位值制，不存在缺位问题，因此罗马教皇为了加强罗马帝国和罗马宗教的统治，下令禁止任何人使用0记数，但教皇的禁令最终

拓展阅读

辐　角

复数的模与辐角是复数三角形式表示的两个基本元素，它分别与复数代数形式表示的实虚部、向量形式表示的乘除运算以及复数本身表示的互为共轭复数的积等都是有机联系着的。

复数与复平面上的点以及原点为始点的向量之间具有一一对应的关系，因此复数的向量表示及其几何意义与解析几何中点的坐标、距离等问题相互联系，有些复数模的方程的几何意义表示曲线，求满足某种条件的复数，实际上是求曲线交点所对应的复数，往往通过数形结合加以解决。

对于复数 $z = a + bi$ （a、$b \in \mathbf{R}$），当 $a \neq 0$ 时，其辐角的正切值就是 b/a。

无法阻止历史的潮流，由于 0 给记数和运算带来了极大的方便，因此，0 在民间悄悄地流行开了，后来终于通用于欧洲，而罗马数字却渐渐地被淘汰了。

现在 0 并不仅仅表示"没有"，实际上它有着非常丰富的意义。

如电台、电视里报告气温是 0℃，并不是指没有温度，而是相当于华氏表 32 度，这也是冰点的温度。0 还可以表示起点，如发射导弹时的口令是："9，8，7，6，5，4，3，2，1，0——发射。" 0 在数轴上作为原点，也是起点的意思。0 还可以表示精确度。如在近似计算中，7.5 与 7.50 表示精确程度不同。

在实数中，0 又是正数与负数间的唯一中性数，具备下面一些运算性质：

$a+0=0+a=a$

$a-0=a\quad 0-a=-a$

$0\times a=a\times 0=0$

$0\div a=0\ (a\neq 0)$

0 不能作除数，0 也没有倒数；

0 的绝对值和相反数都是 0；

任意多个 0 相加和相乘都等于 0。

在指数和阶乘运算中，还有：$a^0=1$（其中 $a\neq 0$），$0!=1$。

0 在复数中，是唯一辐角没有定义的复数。0 还没有对数。现代电子计算机用的二进制中，0 还是一个基本数码。

在 0 发明之前，我们祖先记数的方法是烦琐且不完善的，要记一个大数就要将某些符号重写许多次。在采用了印度—阿拉伯数码，而没有用 0 这个符号时，前人将一百万、三万、四百、五这几个数之和表示为：1 3 4 5，这种表示就会产生误解，或是一百零三万四百零五，或是一千三百四十五。于是用打格的办法来区分：

1		3		4		5

空的地方表示空位。但这又使运算变得很麻烦。采用 0 后，就可以简洁地写成：1030405。因此，没有采用 0 之前，可以说记数法是不完整的。

0 是数学中最有用的符号之一，但它的发明是来之不易的。古埃及虽建造了宏伟的金字塔，但不会使用 0；巴比伦人发明了楔形文字，也不会使用 0；中国古代用算筹运算时，怕定位发生错误，开始用□代表空位，为书写方便逐渐写成○。公元 2 世纪希腊人在天文学上用 O 表示空位，但不普遍。比较公认的是印度人在公元 6 世纪最早用黑点（·）表示零，后来逐渐变成了 0。

分开的数

◎ 分　数

在原始公社时期，人们共同进行采集、狩猎，共同享用猎获物。为了计算收获物和进行分配，有时还得把一只野兽切割成几块，分给大家吃。

这些都逼得人们发明新的计数方法。

也就是说，人们除了认识比 1 大的那些数——从 1 到 10、百、千、万以外，人们还得认识比 1 小的那些数。

分数就这样应运而生了。"分"就是分开、分裂的意思。

在分数中，人们首先认识单分数，也就是分子是 1 的那些分数，如 $\frac{1}{3}$，$\frac{1}{5}$，$\frac{1}{10}$ 等。

公元前 2100 年，巴比伦人用 $\frac{1}{60}+\frac{1}{60^2}+\frac{1}{60^3}$ 表示 1°角的正弦函数值。这是世界上最早的分数。

当然，古代分数的记数法不是像我们现在这样写的，而是有特别的标记。

例如，公元前 1850 年的埃及人，用打点或画一个扁圈来表示部分，写在数字上面。例如：

代表 $\frac{1}{5}$　　代表 $\frac{1}{10}$　　代表 $\frac{1}{30}$

希腊人，则画一个 0，表示部分，也是写在数字上面，如：

$\digamma$ 代表 $\frac{1}{3}$　Δ 代表 $\frac{1}{4}$　K 代表 $\frac{1}{10}$

我们中国最早有小、半、大的称呼，小就是 $\frac{1}{3}$，半就是 $\frac{1}{2}$，大就是 $\frac{2}{3}$ 的意思。

以后更精确一些，就有三之一（$\frac{1}{3}$）、五之一（$\frac{1}{5}$）、九之一（$\frac{1}{9}$）等称呼。

关于分数的运算，在国外，直到 18 世纪，都一直认为是令人头痛的事。可是，我国在 2000 多年以前，就已经有了完整的分数运算规则了。分母、分子的名称，求约分，以及用辗转相除法求最大公约数等，也都已经和现在的基本一样了。

◎ 小　数

小数，也可以说就是分数，不过分母必须是一十，一百、一千、一万这些数。

人们认识小数要比分数晚得多。

西方人一般认为：比利时工程师斯蒂文（1548—1620）最早使用十进小数。

斯蒂文在公元 1583 年出版了一本小册子，极力主张用十进小数来代替使人头痛的分数。

例如：3.275 当然比 3 ＋ $\frac{2}{10}$ ＋ $\frac{7}{100}$ ＋ $\frac{5}{1000}$ 简便得多。

可是，苏联人杰普门在他写的《数学故事》这本书里，认

拓展阅读

工程师

工程师指具有从事工程系统操作、设计、管理、评估能力的人员。工程师的称谓，通常只用于在工程学其中一个范畴持有专业性学位或相等工作经验的人士。按职称（资格）高低，分为：研究员级高级工程师（正高级）、教授级高级工程师（正高级）、高级工程师（副高级）、工程师（中级）、助理工程师（初级）。

为：俄国数学家卡希在 15 世纪初期写了一本《关于圆的教科书》，书中将 2π 的值写成：6.283 185 307 179 586 5。

用现在的写法就是 6.2831853071795865。

这比欧洲出现小数要早 175 年。

但是在我国，很早就有了分、厘、毫、丝、忽等名称。

分，前面说过，是分开的意思，也就是一寸的 $\frac{1}{10}$；汉代有"一黍（黄米）之广为分"的说法。

厘，就是氂（máo），即牛马的尾巴，古代人用它来代表一分的 $\frac{1}{10}$；

毫，即豪，就是兔子毛；丝，是蚕吐的丝；忽，是蜘蛛吐的丝。古代人就是拿这些具体的东西来代表长度。

从寸到分、厘、毫、丝、忽，都是分成十份退一位，所以也可以叫十退位制。

至于小数的记法，我国在 13 世纪，是用低一格来表示小数部分的。例如 23.45，写作：

至于现在我们用的小数点，则一直到 17 世纪人们才发明出来。

我们现在在小数计算中，经常采用四舍五入的方法，其实，这在我国古代很早就采用了。例如 2000 多年前有"径一周三"的说法，也就是把圆周率 π 只看作 3，这就是采用四舍五入的一种近似计算方法。至于文字记载四舍五入的方法，则是公元 237 年的事。

忽

忽是长度和重量单位，十忽为一丝，十丝为一毫。

◎ 比和比值

我们看球赛，常常听到"12 比 8，甲队领先"的报分声，意思就是甲队得了 12 分，乙队得了 8 分。"甲队以 3 比 2 胜"，意思就是在五局比赛中，甲队赢了三局，乙队只赢了两局。

12 比 8 可以写成 12：8。12 叫前项，代表甲队得分，8 叫后项，代表乙队得分。前后项不能弄错。甲队比乙队是 12：8，就不能写成 8：12，乙队比甲队才是 8：12。

同名数才能相比，例如尺比尺，斤比斤（1 尺＝0.33 米，1 斤＝500 克）。不同名数相比没有意义，例如 5 个苹果和 4 本书相比就没有意义。但是，种类相同，单位能化成一样的也可以比。例如两斤糖和五两糖，可以都化成斤或两相比，写成 2 斤：0.5 斤或者 20 两：5 两。比号（：）和除号（÷）意思一样。所以 20：5＝20÷5＝4。这个 4 是 20：5 的比值。也可以写成分数，$20：5=\frac{20}{5}=4$。

我们经常在地图上看到比例尺。例如 1：2000000 就是 200 万分之一的比例尺。意思是：地图上 1 厘米，实际距离是 200 万厘米，也就是 20 千米。

知识小链接

比例尺

比例尺是表示图上距离比实地距离缩小的程度，因此也叫缩尺。用公式表示为：比例尺＝图上距离/实地距离。

你在比例尺是 1：3200000 的地图上，量得两地距离是 5 厘米，那么实际距离是多少千米呢？

农村在施用肥料或农药时，也要注意含量的比例。

例如配制一种农药，石灰、硫黄和水的重量比是 1：3：20，要配制这种农药 480 千克，需要石灰、硫黄和水各是多少呢？

三者总的份额为 $1+3+20=24$

需要石灰：$480 \text{ 千克} \times \dfrac{1}{24} = 20 \text{ 千克}$

硫黄：$480 \text{ 千克} \times \dfrac{3}{24} = 60 \text{ 千克}$

水：$480 \text{ 千克} \times \dfrac{20}{24} = 400 \text{ 千克}$

如果是买来的肥料或农药，则要配成适当的浓度。浓度小了不起作用，浓度大了起反作用，不仅达不到促进作物生长或消灭害虫的目的，反而会毁坏农作物。

肥料或农药的含量，一般用"单位"来表示。1 克产品中含百万分之一克（叫 1 微克）的纯药，叫一个单位。那么，含量 1000 单位，意思就是一克产品中含纯药 1000 微克。

百万分之一的浓度记作 1ppm，也就是 1 毫升溶液里含 1 微克的纯药。在使用的时候，怎样配制成适当的浓度呢？例如某产品含量为 1600 单位，要配制成浓度为 25ppm 的溶液，要加多少升水呢？

$1600 \div 25 = 64$（升）

写成公式就是：

产品含量单位 ÷ 使用浓度 = 加水升数

◎ 成　数

我们常说一件衣服还有九成新，一件家具还有八成新，某农业户增产一成五，某工厂减产一成二分，都是说的成数。

一成就是 $\dfrac{1}{10}$；一分就是 $\dfrac{1}{100}$；一成五分就是 $\dfrac{15}{100}$，写成小数是 0.15，通常写成百分数 15％。

毫升

毫升是一个容积单位，在国际单位制中，容积的基本单位是升（L）。

成数虽然和分数、小数相似，但是分数和小数可以是名数，而成数总是不名数，正如比值也总是不名数一样。

求比值有前项和后项，求成数要有子数和母数。

前项：后项＝比值

子数÷母数＝成数

子数相当于比的前项，母数相当于后项。

成数应用于生产、利息、税款、折扣、汇款、保险费等的计算。

例如你到银行存款。存的钱叫本金，相当于母数；银行要付你的利息，相当于子数；计算利息的标准叫利率，相当于成数。

利率分年利率和月利率两种，计算的百分数是不一样的。例如年利率 5 厘是 5％，月利率 5 厘只有 0.5％（折合年利率为 6％）。月利的计算为什么少些呢？因为一年等于 12 个月。

所得税

所得税是各地政府在不同时期对个人应纳税收入的定义，征收的百分比不尽相同，有时还分稿费收入、工资收入以及偶然所得等情况分别纳税。所得税又称所得课税、收益税，指国家对法人、自然人和其他经济组织在一定时期内的各种所得征收的一类税收。

存款的时间越长，利息越大，所以还要把时间的因素算进去。

例如你存了 500 元，月息 5 厘 6，存了一年，利息是多少？

500 元×0.56％×12＝33.6 元

写成公式就是：

本金×利率×时间＝利息

缴纳税款的计算也差不多。例如你收入 1200 元，要缴纳所得税 5％，就是缴税款：

1200 元×5％＝60 元

写成公式就是：

$$税额×税率＝税款$$

其他折扣、汇款、保险费的计算与此类似。

正负数的发现

正数就是大于 0 的数，负数就是小于 0 的数。我们现在在数字前放一个"＋"号代表正数，在数字前放一个"－"号代表负数。

最早在我国古代数学名著《九章算术》中，记有正负数的概念和加减运算法则，这是我国数学史上的光辉成就。在该书的方程章中，我国古代杰出的数学家刘徽有一个注释："两算得失相反，要令正负以名之。"它的意思是说，在布列方程时，由于所给数量可能具有相反的意义，因而引出正负数的概念。不仅如此，而且对正负数的加减法则也规定得很清楚。"正负术曰：同名相除，异名相益。正无入负之，负无入正之；其异名相除，同名相益。正无入正之，负无入负之。"这里所说的"同名"、"异名"，指的就是"同号""异号"。"相益"、"相除"指的就是二数的绝对值相加或相减，其中前四句是正负数减法法则，意思是说，同号相减，异号相加。以零减正得负，以零减负得正。后四句是正负数加法法则，意思是：异号相减，同号相加。零加正得正，零加负得负。

基本小知识

九章算术

《九章算术》是中国汉族学者在古代的第一部数学专著，是算经十书中最重要的一种。该书内容十分丰富，系统总结了战国、秦、汉时期的数学成就。同时，《九章算术》在数学上还有其独到的成就，不仅最早提到分数问题，也首先记录了盈不足等问题，"方程"章还在世界数学史上首次阐述了负数及其加减运算法则。

按刘徽的注释，"无入为无对也，无所得以减也。"他所指是以零为被减数的情形。"正无入正之，负无入负之。"按同样的解释，其意义是零加正得正，零加负得负。

元朝数学家朱世杰在其《算学启蒙》（1299 年）一书中，对正负数运算又有新的发展。他把《九章算术》中的说法改写为："明正负术，其同名相减，则异名相加，正无入负之，负无入正之。"在这里朱世杰把《九章算术》中的"除"字改为"减"字，把"益"字改为"加"字，与今日文辞比较接近，使人看了明白易懂。朱世杰还提出了正负数乘除法法则："同名相乘为正，异名相乘为负"，"同名相除所得为正，异名相除所得为负"。朱世杰给出完整的正负数乘除运算法则与我们今日的说法基本相同。

直到 15 世纪，欧洲才在方程的讨论中出现负数。其中，在 1484 年，法国的舒开曾给出二次方程的一个负根，但他不承认它，把负数说成是"荒谬的数"。1545 年，法国数学家卡儿丹（1501—1576）虽也承认方程中有负数，但他称负数为"假数"，他认为只有正数才是"真数"。韦达（1540—1603 年）则完全不要负数。而笛卡尔则是部分地接受了负数，他把方程的负根称作"假根"。

知识小链接

方　程

方程是表示两个数学式（如两个数、函数、量、运算）之间相等关系的一种等式，通常在两者之间有一等号"="。方程不用按逆向思维思考，可直接列出等式并含有未知数。它具有多种形式，如一元一次方程、二元一次方程等。方程广泛应用于数学、物理等理科应用题的运算。

18 世纪以后，由于负数的运算法则在直观上是可靠的，它并没有在计算上发生问题，正如法国数学家达朗贝尔（1717—1783）所说："对负数进行运算的代数法，任何人都是赞成的，并认为是正确的，不管我们对这些数有什么看法。"从此负数在欧洲最终得到确立。到 19 世纪，它为整数奠定了逻辑基础，但给负数在数学上以应有的地位的是德国数学家魏尔斯特拉斯（1815—1879）和戴得金（1813—1916）等人。

我国数学家提出正负数的概念以及正负数加减法则，比欧洲数学家要早 1000 多年。这在数学史上的确是一个伟大的成就和贡献。

基本小知识

朱世杰

朱世杰（1249—1314），字汉卿，号松庭，汉族，燕山（今北京）人氏，元代数学家、教育家，毕生从事数学教育，有"中世纪世界最伟大的数学家"之誉。朱世杰的主要著作是《算学启蒙》与《四元玉鉴》。

有理数和无理数的发现

日常生活中，人们不仅要计数单个的对象，有时还需要度量各种量。为了满足度量的需要，就要用到分数，例如长度，就很少正好是单位长的整数倍。于是，定义有理数为两个整数的商 q/p（$p \neq 0$）。

有理数有下面这样一个简单的几何解释：在一条水平直线上标出不同的两个点 O 和 I，选定线段 OI 作为单位长。如果用 0 和 1 分别表示长度的两个点，则可以用这条直线上间隔为单位长的点的集合

你知道吗

古希腊

古希腊是西方历史的开源，持续了约 650 年。古希腊位于欧洲南部，地中海的东北部，包括今巴尔干半岛南部、小亚细亚半岛西岸和爱琴海中的许多小岛。公元前五六世纪，特别是希波战争以后，经济生活高度繁荣，产生了光辉灿烂的希腊文化，对后世有深远的影响。

来表示正整数和负整数（正整数在 O 的右边，负整数在 O 的左边）。以 P 为分母的分数可以用每一单位间隔分成 P 等分的点表示。于是，每一个有理数都对应着直线上的一个点。古代数学家们想当然地认为，这条直线的每一个点也都对应一个有理数，即有理数把这条直线上的点都"用"完了。然而，毕达哥拉斯学派（古希腊哲学家毕达哥拉斯创立）的希帕索斯却发现后一论点是不正确的。

以线段 OI 为边作正方形，令线段 OP 的长等于正方形的对角线长，则没有有理数能与 P 对应。要证明这件事就需要证明 $\sqrt{2}$ 是有理数。假设 $\sqrt{2}$ 是有理数，即 $\sqrt{2} = q/p$，这里 p、q 是互素的整数（即不能再约分的整数，）于是 $q = p\sqrt{2}$，$q^2 = 2p^2$，这又得到 p 必为偶数，此与 p、q 互素矛盾。所以 $\sqrt{2}$ 肯定不是有理数。这种数的发现超出了人们的预料，因而被称为无理数。

虽然无理数早在古希腊时代就被发现，但它的严格理论直到 19 世纪末才被数学家们建立起来，并将有理数与无理数统称为实数。实数能够与直线上的点形成一一对应，至此，终于了却了数学家们的一桩心愿。

▶ 复数的发现

解方程曾经是代数学研究的主要内容，利用配方法不难得到二元一次方程 $x^2 + px + q = 0$ 的求根公式，即：

$$\left(x + \frac{p}{2}\right)^2 - \frac{p^2}{4} + q = 0$$

$$\left(x + \frac{p}{2}\right)^2 = \frac{p^2 - 4q}{4}$$

$$x + \frac{p}{2} = \pm \frac{\sqrt{p^2 - 4q}}{2}$$

$$x = \frac{-p \pm \sqrt{p^2 - 4q}}{2}$$

但如果 $p^2-4q<0$，上面的公式中出现了负数的平方根，这在实数范围内是不可能的。对此问题如何解决，人们最初简单地认为这时方程无解。但随着时间的推移，负数的平方根却逐渐显示出重要的作用，数学家们开始认真考虑这一问题。大数学家欧拉首先使用 i 来表示，$\sqrt{-1}$，即 $i^2=-1$。虽然数学家们不断地使用这类数解决问题，但还是心存顾忌，认为这些数是不可能的数、幻想中的数，并称之为虚数（i 被称为虚数单位）。直到德国数学家高斯对该问题进行研究后，这类数才开始得到人们的普遍理解，并由高斯首先明确引进了复数的概念，即将 $a+bi$ 称为复数，其中 a、b 是实数。高斯还得到了复数的几何表示。由此，一个新的数学分支——复变函数论发展起来了。

知识小链接

公　式

公式是在自然科学中用数学符号表示几个量之间关系的式子。

▶ 虚数的发现

从自然数逐步扩大到了实数，数是否"够用"了？够不够用，要看能不能满足实践的需要。

在研究一元二次方程 $x^2+1=0$ 时，人们提出了一个问题：在实数范围内 $x^2+1=0$ 是没有解的，如果硬把它解算一下，看看会得到什么结果呢？

由 $x^2+1=0$，得 $x^2=-1$。

两边同时开平方，得 $x=\pm\sqrt{-1}$（通常把 $\sqrt{-1}$ 记为 i）。

$\sqrt{-1}$ 是什么？是数吗？关于这个问题的正确回答，经历了一个很长的探索过程。

16 世纪意大利数学家卡尔丹和邦贝利在解方程时，首先引进了 $\sqrt{-1}$，对它还进行过运算。

17 世纪法国数学家和哲学家笛卡尔把 $\sqrt{-1}$ 叫作"虚数"，意思是"虚假的数"，"想象当中的，并不存在的数"。他把人们熟悉的有理数和无理数叫作"实数"，意思是"实际存在的数"。

数学家对虚数是什么样的数，一直感到神秘莫测。笛卡尔认为：虚数是"不可思议的"。大数学家莱布尼茨一直到 18 世纪还以为"虚数是神灵美妙与惊奇的避难所，它几乎是又存在又不存在的两栖物"。

随着数学研究的发展，数学家发现像 $\sqrt{-1}$ 这样的虚数非常有用，后来记有形如 $2+3\sqrt{-1}$，$6-5\sqrt{-1}$ 者。一般把 $a+b\sqrt{-1}$ 记为 $a+bi$，其中 a，b 为实数，这样的数叫作复数。

当 $b=0$ 时，就是实数；

当 $b\neq0$ 时，叫作虚数；

当 $a=0$，$b\neq0$ 时，叫作纯虚数。

虚数作为复数的一部分，也是客观存在的一种数，并不是虚无缥缈的。由于引进了虚数单位 $\sqrt{-1}=i$，开阔了数学家的视野，解决了许多数学问题。如负数在复数范围内可以开偶次方，因此在复数内加、减、乘、除、乘方、开方六种运算总是可行的；在实数范围内一元 n 次方程不一定总是有根的，比如 $x^2+1=0$ 在实数范围内就无根。但是在复数范围内一元 n 次方程总有几个根。复数的建立不仅解决了代数方面的问题，也为其他学科和工程技术解决了许多问题。

自然数、整数、有理数、实数、复数，人类认识的数，在不断地向外膨胀。

基本
小知识

开　方

开方，指求一个数的方根的运算，为乘方的逆运算，在中国古代也指求二次及高次方程的正根。

随着数概念的扩大，数增添了许多新的性质，但是也减少了某些性质。比如在实数范围内，数之间是可以比较大小的，可是在复数范围内，数之间已经不能比较大小了。

所谓能比较大小，就是对于规定的"＞"关系能满足下面四条性质：

(1) 对于任意两个不同的实数。a 和 b，或 $a>b$，或 $b>a$，两者开方；能同时成立；

(2) 若 $a>b$，$b>c$，则 $a>c$；

(3) 若 $a>b$，则 $a+c>b+c$；

(4) 若 $a>b$，$c>0$，则 $ac>bc$。

对于实数范围内的数，"＞"关系是满足这四条性质的。但对于复数范围内，数之间是否能规定一种"＞"关系来满足上述四条性质呢？答案是不能的，也就是说复数不能比较大小。

为了证明这个结论，我们需要交代复数运算的部分内容，证明中要用到它：

(1) $\sqrt{-1} \cdot \sqrt{-1} = -1$ $\quad \sqrt{-1} \cdot 0 = 0$ $\quad -\sqrt{-1} \cdot 0 = 0$

$(-\sqrt{-1}) \cdot (-\sqrt{-1}) = -1$

$\sqrt{-1} + (-\sqrt{-1}) = 0$

$0 + (\sqrt{-1}) = \sqrt{-1}$

(2) 复数中的实数仍按实数的运算法则进行运算。

现在用反证法证明复数不能比较大小。假设找到了一种"＞"关系（注意："＞"关系不一定是实数中规定的含义）来满足上述四条性质。当然对于 $\sqrt{-1}$ 应具有性质 (1)：

$\sqrt{-1} > 0$ 或 $0 < \sqrt{-1}$

先证明 $\sqrt{-1} > 0$ 不可能。

$\sqrt{-1} > 0$ 的两边同乘 $\sqrt{-1}$，由性质 (4) 得：

$$\sqrt{-1} \cdot \sqrt{-1} > \sqrt{-1} \cdot 0$$

$\sqrt{-1}>0$（注意：由于"＞"不一定是实数中规定的含义，故未导出矛盾。）

$-1>0$ 的两边同加 1，由性质（3）得：

$-1+1>0+1$

$0>1$

$-1>0$ 的两边同乘 -1，由性质（4）得：

$(-1)\cdot(-1)>(-1)\cdot 0$

$1>0$

于是得到 $0>1$，而且 $1>0$，也就是 0 与 1 无法满足性质（1），这与假设形成矛盾，所以 $\sqrt{-1}>0$ 是不可能的。

其次证明 $0>\sqrt{-1}$ 不可能。

$0>(-\sqrt{-1})>\sqrt{-1}+(-\sqrt{-1})-\sqrt{-1}>0$

$-\sqrt{-1}>0$ 的两边同乘 $-\sqrt{-1}$，由性质（4）得：

$(-\sqrt{-1})\cdot(-\sqrt{-1})>(-\sqrt{-1})\cdot 0$

$-1>0$

123 数字黑洞

　　任取一个数，相继依次写下它所含的偶数的个数、奇数的个数与这两个数字的和，将得到一个正整数。对这个新的数再把它的偶数个数和奇数个数与其和拼成另外一个正整数，如此进行，最后必然停留在数 123。

以下可依第一种情况证明，导出矛盾，所以 $0>\sqrt{-1}$ 不可能。

以上证明从复数中取出两个数 $\sqrt{-1}$ 与 0 是无法比较大小的，从而证明了复数没有大小关系。

复数无大小，听来新鲜，确是事实！

函数的发现

函数概念最初产生于 17 世纪，这首先应归功于解析几何的创始人法国数学家笛卡尔，但是，最早使用"函数"一词的却是德国数学家莱布尼茨。尽管人们早已在不自觉地使用着函数，但究竟什么是函数，在很长一个时期里并没有形成一个很清晰的概念。大数学家欧拉曾认为"一个变量的函数是一解析表示，由这个变量及一些数或常量用任何规定方式结合而成"。与此同时，欧拉把"用笔画出的线"也叫作

拓展阅读

函数的周期性

设函数 $f(x)$ 的定义域为 D。如果存在一个正数 l，使得对于任一 $x \in D$ 有 $(x \pm l) \in D$，且 $f(x+l) = f(x)$ 恒成立，则称 $f(x)$ 为周期函数，l 称为 $f(x)$ 的周期，通常我们说周期函数的周期是指最小正周期。

并非每个周期函数都有最小正周期，例如狄利克雷函数。

函数。到了 19 世纪，函数概念进一步发展，逐渐发展为现代的函数概念。俄国数学家罗巴切夫斯基最早较为完整地叙述了函数的定义，这时已经非常接近于当今在中学数学课本中所看到的定义了。现代意义上的函数是数学的基础概念之一。在物质世界里常常是一些量依赖于另一些量，即一些量的值随另一些量的值确定而确定。函数就是这种依赖关系的一种数学概括。一般非空集合 A 到 B 的对应集为函数（或映射），如果 f 满足：对任意 A 中元素 a，在 B 中都有一个元素 [记为 $f(a)$] 与 a 对应。函数在人们的日常生活中是很常见的，比如经常会看到类似这样的统计数字：某护士每小时量一次病人的体温，可以将 6 小时所得的结果制成下表：

小时	1	2	3	4	5	6
温度	37.1℃	38℃	37℃	39℃	38℃	37.2℃

这就是一种函数关系。函数关系不一定很有规律，当然也不一定非得用规则的表达式表示出来，实际上，更多的函数是不能用表达式表示出来的。在中学阶段，学习的函数主要都是非常简单和有规律的，比如正比例函数（$y=kx$，$k\neq0$）、反比例函数（$y=\dfrac{k}{x}$，$k\neq0$）、一次函数（$y=kx+b$，$k\neq0$）和二次函数（$y=ax^2+bx+c$，$a\neq0$）。函数可以用图像直观地表示出来，我们经常看到用"直方图"表示的函数。

在学习过程中，"描点法"更多地被用来描绘函数的图像，即将满足函数方程的点逐一在直角坐标系中描绘出来，从而得到函数的图像。数与形的结合是研究函数的有效的手段。

◖ 代数式与多项式的发现

用字母代替数是数学从算术发展到代数的重要标志。比如，用 R 表示一个圆的半径，那么 πR^2 就表示这个圆的面积；如果分别用 a、b 表示直角三角形的两个直角边，则该三角形的面积就是 $\dfrac{1}{2}ab$。一般把用加、减、乘、除、乘方、开方等数学符号联结在一起的表示数的字母组成的式子称为代数式。一个数或一个字母也叫做代数式，比如 πR^2，$\dfrac{1}{2}ab$，$\sqrt{x}$，a 等。代数式中的字母一般可以任意取值，用给定数值代替代数式里的字母所得到的结果，叫作代数式的值。比如 $a=1$，$b=2$ 时，$\dfrac{1}{2}ab=1$。

代数式可以分成很多种，没有加减符号联结的代数式叫单项式，比如 x，$3y$ 等；有加减号联结的代数式称为多项式，比如 $2x+1$，$3x^2-x+1$ 等。一般地，形如 $a_nx^n+a_{n-1}x^{n-1}+\cdots+a_1x+a_0$ 的代数式称为关于 x 的一元 n 次多项式（n 为非负整数，$a_n\neq0$）。a_ix^1，为多项式的 i 次项，a_i 称为 i 次项的系数。在小学阶段，学生们钻研最多的是一元二次多项式，比如 $2x^2+3x+1$ 等。代入一元 n 次多项式后所得代数式的值为 0 的 x 的值，称为多项式的根。关于多项式根的研究在数学史上曾经持续了好几百年，法国数学家伽罗瓦（1811—1832）在这方面做出了杰出贡献，开创了现代代数学。关于多项式根的研究目前仍然是数学家们关注的热点。

基本小知识

有理式

有理式包括整式和分式。这种代数式中对于字母只进行有限次加、减、乘、除和整数次乘方这些运算。整式有包括单项式和多项式。

▶ 三角函数表的来历

早期的三角学是伴随着天文学而产生的。大家熟知，把周角分成 360 等份，每一份就叫作 1 度的角。这种做法起源于古代巴比伦人。他们为了建立历法，把圆周分成 360 等份，就相当于把周角分成 360 等份。为什么要把圆周分成 360 等份？有几种解释。有人认为巴比伦人最初以 360 天为一年，将圆周分为 360 等份，太阳每天行一等份。另一种意见认为巴比伦人很早就知道每年有 365 天，所以上面的说法是不可信的。较多的数学史家认为，比较起来，下面的说法似乎更有道理。在古巴比伦时代，曾有一种很大的距离单位——巴比伦里，差不多等于现在的英里的 7 倍。由于巴比伦里被用来测量较长的距离，很自然，它也成为一种时间单位，即走一巴比伦里所需的时间。后来，在公元前 1000 年内，当巴比伦天文学达到了保存天象系统记录的阶段时，巴比伦"时间里"，就是用来测量时间长短的。因为发现一整天等于 12 个"时间里"，并且一整天等于地球绕太阳转一周，所以，一个完整的圆周以"时间里"为单位可被分成 12 等份。但是为了方便起见，巴比伦"时间里"又被分成 30 等份，于是，便把一个完全的圆周分为 $12×30＝360$ 等份。

后来，每一等份变成了"度"。"度"来自拉丁文，原来是"步""级"的意思。

三角学的最早奠基者是古希腊天文学家依巴谷。为了天文观测的需要，他作了一个和现今三角函数表相仿的"弦表"，就是在固定的圆内，不同圆心角所对弦长的表。相当于现在圆心角一半的正弦线的两倍，可惜这表没有保存下来。

托勒密是古代天文学的集大成者。他继承、发展了前贤特别是依巴谷的成就，汇编了《天文集》。按照托勒密的说法和用法，依巴谷采用了巴比伦的 60 进位制：把圆周分为 360 等份，从而圆弧所对的圆心角就有了度量；把半径分成 60 等份，这样就可用半径的多少等份来表示圆心角所对的弦长，即用半径的 $\frac{1}{60}$ 作为度量弦长的单位。例如 60° 角所对的弦长就是圆内接正六边形的一边之长，应该是 60 个单位，相当于现在 30° 角的正弦是 $\frac{1}{2}$；90° 角所对的弦长是圆内接正方形一边之长，应该是 $60\sqrt{2}$ 个单位。

为了提高计算弦长的精确程度，托勒密把半径分为 60 等份后，又把每一份分为 60 小份，每一小份再按 60 进位制分为更小的份，以此类推。把这些小份依次叫作"第一小份""第二小份"。后来"第一小份"变成了"分"（minute），"第二小份"变成了"秒"（second），这就是"分、秒"名称的来源。现在英文里 minute 这个字仍然有"分"和"微小"两种意义，second 这个字有"秒"和"第二"两种意义。

用符号"°""′""″"表示度、分、秒，是从 1570 年卡拉木开始的。这已在托勒密之后 1400 年了。

知识小链接

托勒密

托勒密，古希腊天文学家、地理学家和光学家。

托勒密是在托勒密定理的基础上，按下面方法造出弦表的。

如图，先取以 AD 为直径的特殊的内接四边 $ABCD$。设 AD、AB、AC 已知，则 CD、BD 利用勾股定理很易求出。这样，图中 6 个长度已知 5 个，故利用托勒密定理可求出第六个长度 BC，但 $\overset{\frown}{BC}=\overset{\frown}{AC}-\overset{\frown}{AB}$，所以若两弧的弦是已知时，便可算出两弦之差的弦。托勒密指出怎样从圆的任意一给定的弦，求出相应半弦所对的弦；怎样从 $\overset{\frown}{AB}$ 的弦和 $\overset{\frown}{BC}$ 的弦，求出 $\overset{\frown}{AC}$ 的弦，实质上托勒密已经得到与下列公式等价的关系。

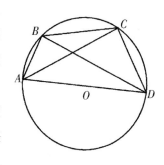

$$\sin^2 x + \cos^2 x = 1$$
$$\sin(x-y) = \sin x \cos y - \cos x \sin y$$
$$\cos(x+y) = \cos x \cos y - \sin x \sin y$$
$$\sin^2 \frac{x}{2} = \frac{1}{2}(1-\cos x)$$

托勒密利用圆内接正五边形和正十边形的边长推导出对 36°弧和 72°弧的弦长；从 72°弧的弦和 60°弧的弦，利用差角公式算出对 12°弧的弦长；从 12°弧的弦平分数次得出对 $(\frac{3}{4})$°弧的弦。因此，他能给任一已知弦所对的弧加上（或减去）$(\frac{3}{4})$°弧，计算这样两段弧之和（或差）所对的弦值。这样他能算出两个相差 $(\frac{3}{4})$°的所有弧所对的弦值。后来，他利用不等式来推理，得出了从 0°到 90°每隔半度的弦表。这就是第一个三角函数表。

公元 5 世纪印度数学家阿利耶毗陀对三角学贡献很大，他制作了一个正弦表。他依照巴比伦人和希腊人的习惯，将圆周分为 360 度，每度为 60 份，整个圆周分为 21600 份，再由 $2\pi\lambda = 21600$，可得半径 $\lambda = 3437.739$（他知道圆周率 π 的近似值为 3.1416，人们推测这是从中国流传到印度的）。略去小数部分，取近似值 $\lambda = 3438$，依此计算第一象限内每隔 3°45' 的正弦长。他的方法是用勾股定理算出特殊角 30°，45°，60°，90°的正弦，如 sin30°＝1719 个单位，sin45°＝2431 个单位（这里把 λ 作为 3438 个单位），然后再用半角公式计算较小角度的正弦。

印度人的正弦表比希腊人的正弦表有所改进，他们是计算半弦（相当于现在的正弦线）而不是全弦的长。

本来，在印度文中，半弦是猎人的弓弦的意思。后来印度的书大量译成阿拉伯文，辗转传抄，意思被搞错了。12 世纪时，意大利翻译家杰拉德又将这个字译成拉丁文"sinus"，它和当初印度人的"弓弦"的意义已相差很大。

拓展阅读

正 弦

在直角三角形中，任意一锐角 ∠A 的对边与斜边的比叫作 ∠A 的正弦，记作 sinA（由英语 sine 一词简写得来），即 $sinA = 角 A 的对边 / 斜边$。

在 1631 年邓玉函和汤若望等人编的《大测》一书中将 sinus 译为"正半弦"和"前半弦"，简称为"正弦"，这是我国"正弦"这一术语的由来。

中亚细亚的著名天文家巴坦尼在三角方面也有很大贡献，他曾著《星的科学》一书，书中有很多三角内容。

巴坦尼树立一根杆子在地上，求日影 b，以测定太阳的仰角。阴影 b 的拉丁译名叫作"直阴影"，而水平插在墙上的杆子投影在墙上的影叫"反阴影"。"直阴影"后来变成"余切"，"反阴影"变成正切。公元 920 年左右，阿尔·巴坦尼造出自 0°到 90°每相隔 1°的余切表。

稍后，中亚细亚的另一位著名天文学家、三角学者威发计算了每隔 10' 的正切表。14 世纪末叶，帖木儿帝国的兀鲁伯（贴木尔的孙子）在撒马尔罕建立一座当时世界上规模最大的天文台。他聚集了 100 多名学者，组织无与伦比的天文观测和数学用表的计算。他造了 0° 到 45° 之间每隔 1'、45° 到 90° 之间每隔 5' 的正切表。

14 世纪时，欧洲早期的三角学者、英国人布拉瓦丁开始将正切和余切引入三角计算中。

16 世纪时，伟大的天文学家哥白尼的学生利提克斯见到当时天文观测日益精密，迫切需要推算详细的三角函数表，他花费了大量时间来推算正弦、正切及正割表。可惜，他未能在生前完成，直到 1596 年才由他的弟子完成，公布于世。

现代三角函数表是后来经过多次改进、演变而成的。

勾股定理的发现

1995 年希腊发行了一张邮票，图案是由三个棋盘排列而成，这张邮票是为了纪念 2000 多年前古希腊数学家毕达哥拉斯发现勾股定理而发行的。邮票中下面的正方形分成了 25 个小正方形，上面两个正方形，一个分成 16 个小正方形，另一个分成 9 个小正方形。每个小正方形面积都相等。$9+16=25$，

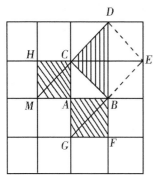

说明上面两个正方形的面积和等于下面大正方形的面积。从另一个角度看，这三个正方形的边围成了一个直角三角形，该直角三角形三边长分别是 3，4，5。由 $3^2=9$，$4^2=16$，$5^2=25$ 可知，这个直角三角形两直角边平方和等于斜边平方，这就是著名的勾股定理。

传说，有一次毕达哥拉斯去朋友家做客，客

人们高谈阔论，又吃又喝，唯独毕达哥拉斯独自一个人望着方砖地发愣。他用棍在地上勾出一个图形，中间有一个直角三角形 ABC。在直角三角形 ABC 的每条边上，都有一个正方形，BC^2 等于正方形 BCDE 的面积，正方形 BC-DE 是由两黑两白四个三角形组成的。AB^2 等于正方形 ABFG 的面积，它由两个黑色三角形组成。同样 AC^2 等于正方形 ACHM 的面积，它也由两个黑色三角形组成。由于白三角形和黑三角形面积相等，因此有 DEBC 的面积＝ABFG 的面积＋ACHM 的面积，也就是 $AB^2+AC^2=BC^2$。

　　方砖地的启示使毕达哥拉斯得到了勾股定理。毕达哥拉斯认为这个定理太重要了，他所以能发现这个重要定理，一定是"神"给予了启示，于是他下令杀 100 头牛祭祀天神，起名为"百牛定理"，也叫作"毕达哥拉斯定理"。

基本小知识

勾股定理

　　在我国，把直角三角形的两直角边的平方和等于斜边的平方这一特性叫作勾股定理或勾股弦定理，又称毕达哥拉斯定理或毕氏定理。

　　其实，这个定理不独是毕达哥拉斯发现的。2000 多年前我国周代人测日高的方法就有勾股定理的应用，可知我国是最早使用勾股定理的。

　　由于受科学水平的限制，周代人还不知道地球是圆的，认为地面就是一个大平面。他们于农历夏至时在地面上立一根 2.67 米长的标杆，测量出标杆的影子长度为 2 米。又假设把标杆每向南移动 500 千米，日影就要缩短 0.33 厘米。由于标杆的影长为 2 米，如果我们把标杆连续向南移动 60 个 1000 里（1 里＝500 米），即 6 万里的话，标杆的影长就缩短为零了，这时标杆就跑到了太阳的正下方。

　　由 $\triangle ADE \backsim \triangle ABC$，得：

$$\frac{DE}{BC}=\frac{AD}{AB}$$

$$DE=\frac{BC \times AD}{AB}=\frac{8 \times 6}{6}=8 \text{（万里）}$$

这样就求出了太阳的高度为 8 万里，合 40000000 米。

以上求法最早见于我国的《周髀算经》，该书记载了 2000 多年前我国在数学和天文学方面的许多重要成就，内容十分丰富。书中除了求出了太阳距地面的垂直高度为 8 万里，还进一步求出了太阳到 A 点的距离 AE：

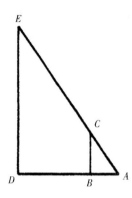

$$AE = \sqrt{ED^2 + AD^2}$$
$$= \sqrt{6^2 + 8^2} = 10 \ （万里）$$

就是说太阳到测量地点的距离为 10 万里。

《周髀算经》中把太阳高度 ED 叫做"股"，把 AD 叫作"勾"，斜边 AE 叫作"弦"，得到关系式：勾² ＋ 股² ＝ 弦²，也就是 $AE^2 = DE^2 +$ DA^2，这就是著名的"勾股定理"。勾股定理给出了直角三角形三条边的确定关系。勾股定理的发现是我们的祖先对数学的一大贡献。

日高八万里对不对呢？不对。现代测得太阳光大约需要 8 分钟才能到达地球。光每秒钟走 30 万千米，8 分钟是 480 秒，由此可算得太阳到地球的距离大约等于 30×480＝14000（万千米），即 1.44 亿千米。8 万里合 4 万千米，与 1.44 亿千米相差太大了。

你知道吗

平　方

平方是一种运算，比如，a 的平方表示 a×a，简写成 a^2；也可写成 a×a（a 的一次方×a 的一次方＝a 的 2 次方），例如 2 的平方为 4，等于 2×2＝4。

周代人错在哪里呢？（1）"假设标杆向南移动 500 千米，日影缩短一寸"是错误的；（2）大地是个球面，但周代人把它看成了平面，这也是错误的。但是他们所使用的数学原理却是完全正确的。

"勾股定理"用语言叙述是：在一个直角三角形中，两直角边的平方和等于斜边的平方，或说成"勾方加股方等于弦方"。勾股定理的逆定理也是对的，即"在一个三角形中，如果有两条边的平方和等于第三边的平方，那么第三边所对的角必定是直角。"这个逆定理也早就被古埃及人发现了，他们利用这个定理来做直角。方法是取三边分别为 3，4，5（长度单位不限）构成一个三角形，长边所对的角就是直角。

　　古埃及定直角的方法至今还在许多地方使用着。比如盖房子时先要定好地基，地基多是长方形的。怎样检查地基所划出的长方形每个角都是直角呢？在长方形的各个顶点插上木棍，圈上绳子。另取一段绳子 EF，组成一个三角形 AEF，测量 AE，AF，EF 的长度，计算它们是否符合

$$EF^2 = AE^2 + AF^2$$

　　如果符合，则 $\angle A$ 是直角；如果不符合，则 $\angle A$ 不是直角，还需要调整。

　　是不是只有 3，4，5 才能满足勾股定理呢？显然不是，比如 5，12，13 也满足勾股定理，算一算：$5^2 = 5$，$12^2 = 144$，$13^2 = 169$。

知识小链接

毕达哥拉斯

　　毕达哥拉斯，古希腊数学家、哲学家。毕达哥拉斯出生在爱琴海中的萨摩斯岛（今希腊东部小岛），自幼聪明好学，曾在名师门下学习几何学、自然科学和哲学。以后因为向往东方的智慧，经过万水千山来到巴比伦、印度和埃及。

　　$\because 25 + 144 = 169$

　　$\therefore 5^2 + 12^2 = 13^2$

　　人们把满足 $a^2 + b^2 = c^2$ 的一组数 a，b，c 叫作"勾股数"。

👁 八卦中的数学

　　二进制数思想的渊源可以追溯到我国古代的八卦图。

在我国最古老的著作中，有本书叫《周易》，又叫《易经》，作者已无法考证。相传是伏羲、文王、孔丘所作，这传说不尽可靠。

《周易》的内容十分丰富，包含有天文、数学、音律、医学等自然科学和政治、历史、逻辑、伦理、法律等社会科学以及哲学的内容。它对中国古代哲学、文化和科学思想都产生了极其巨大的影响。例如天文学的研究中，《周易》一直是指导性理论。而在数学（"数术"）研究中，《周易》更有特殊的意义。实际上，《周易》本身就包含有丰富的数学思想。

"易"就是变易的意思。书中使用一些特殊的符号，通过阴、阳、卦、爻来说明运动和变化的道理，富有辩证法思想。

《周易》是世界公认的第一本讨论排列的书。卦的基本符号是爻，爻分阳爻"——"和阴爻"— —"两种，合称"两仪"。每次取 2 个，共有 4 种不同的排列法，叫作"四象"：

太阳　　少阴　　少阳　　太阴

每次取 3 个，共有 8 种排列法，叫作"八卦"：

乾　兑　离　震　巽　坎　艮　坤

八卦常用来代表 8 种不同的事物，如东、东南、南、西南、西、西北、北、东北 8 个方位，或天、地、风、雷、水、火、山、泽 8 种自然物等。8 个方位和八卦对应起来，常画在罗盘的周围。

如果将阳爻看作表示"＋"的符号，阴爻是表示"－"的符号，每一卦的三个爻分别看作 x、y、z，这八个卦就是 $+x+y+z$，$-x+y+z$，…，$-x-y-z$，正好代表立体解析几何中笛卡尔空间坐标的 8 个"卦限"。事实上，"象限""卦限"两词就是从"四象""八卦"借用来的。

《周易》中讲："易有大极，是生两仪，两仪生四象，四象生八卦。"这段话包含等比数列：1，2，4，8。如果推演下去，很可能得到某些数学理论。但下面却接着说："八卦定吉凶，吉凶生大业。"将这些数字神秘化，与科学背道而驰。而"易数"就成为占卜算卦的依据了。

关于八卦图有很多传说，有人推测，八卦图是外星人留下来的，实际上它是我国古代人民智慧的结晶。

◀ 圆周率的由来

圆周率是什么？

圆周率就是一个圆的"圆周"长度和它的"直径"长度相比的倍数。不论圆的大小如何，这个倍数都是一样的，因而是个"常数"，在数学上名为"π"。它是希腊文"周围"的第一个字母。

在日常生活和生产活动中，圆周率 π 这个数值用途非常广泛，同时也是一个很奇特的数值。

圆周率 π 的数值，该是多少呢？

为了求这个数值，自古以来不知有多少数学家绞尽脑汁，算出了一个比一个更精确的值。一般他们是利用圆的内接或外切正多边形的周长，近似地代替圆的周长。起初人们以为可以算到底，求出 π 的全值。但是，算来算去，越算越没个完，始终到不了底。直到 18 世纪中叶，才有个德国数学家朗伯用数学证明 π 是个无理数（无限不循环的小数），按一定的法则，可以无休止地算下去，而不像分数，如 $\frac{1}{3}$，虽然也"无尽"，但却简单。

古时候，我国就有"周三径一"之说（即 $\pi=3$）。早在公元前 100 多年（西汉时）的一部《周髀算经》里，就有了这个记载。后来，人们慢慢知道圆周率应当比 3 略大一点。到了东汉时，我国天文学家、数学家张衡（公元 78—139 年），应用了一个很妙的数值，说圆周率等于 10 的平方根（即 $\pi=\sqrt{10}=3.16$），这个数值很简便，容易记。魏晋时，我国数学家刘徽，在公元 263 年注《九章算术》时指出，"周三径一"只是内接正六边形周径的比率，由此只能计算出内接正十二边形的面积。为了精密地计算出圆的面积，他创造了割圆术。他用割圆术计算出圆内接正 192 边形的面积，得圆周率值：$\pi = \dfrac{157}{50} =$ 3.14；后来，他又计算出圆内接正 3072 边形的面积，得到更精确的圆周率值：$\pi = \dfrac{3927}{1250} = 3.1416$。他这种用圆的内接正多边形的面积，来逼近圆面积的极限观念，在数学上是个很大的创造。

最辉煌的成就，要算南北朝时期的科学家祖冲之（429—500）推算的圆周率值。他精密地推算出 π 值在 3.1415926 和 3.1415927 之间，无一字错误，是世界上最早的七位小数精确值。祖冲之的这一成果记载在《缀术》一书中。后来，他又提出两个分数值：一个叫"约率"，$\pi = \dfrac{22}{7} = 3.14$；另一个叫"密率"，$\pi = \dfrac{355}{113} = 3.1415929$。约率和希腊学者阿基米德的圆周率值相同，但密率在欧洲直到 16 世纪，才由法国数学家奥托和荷兰数学家安托尼兹得到，比我国晚了 1000 多年。现在月球背面的一个山谷，就被命名为"祖冲之"，可见国际上对他的景仰。

基本小知识

祖冲之

祖冲之是我国杰出的数学家、科学家。南北朝时期人，字文远。他生于宋文帝元嘉六年（429），卒于齐昏侯永元二年（500）。祖籍范阳郡道县（今河北涞水县）。为避战乱，祖冲之的祖父祖昌由河北迁至江南。祖昌曾任刘宋的"大匠卿"，掌管土木工程。祖冲之的父亲也在朝中做官。祖冲之从小受家传的科学知识熏陶。青年时进入华林学省，从事学术活动。一生先后任过南徐州（今镇江市）从事史、公府参军、娄县（今昆山市东北）令、谒者仆射、长水校尉等官职。其主要贡献在数学、天文历法和机械三方面。

15 世纪后，欧洲科学技术蓬勃兴起，所谓方圆学者（求同一面积的一方一圆）日见增多，于是圆周率值也越算越精确，大家都以算出 π 的小数位数越多越可贵。最突出的要算德国数学家卢多夫，他通过计算正 2^{62} 边形的周长，竟将 π 值的小数算到 35 位，而且经过其他学者核对，无一字之差。他感到不虚此生，在遗嘱中要求人们将这 35 位数值刻在他的墓碑上。因此，有的德国人至今还把圆周率值称为"卢氏值"。

17 世纪中叶以后，由于微积分理论的建立和完善，π 的计算方法有了本质的变化，从计算正多边形的周长转为计算某些收敛级数的部分和。这类计算法大都基于反正切函数的级数展开式：

$$\arctan x = x - \frac{x^3}{3} + \frac{x^5}{5} - \frac{x^7}{7} + \cdots + (-1)^n \frac{x^{2n+1}}{2n+1} + \cdots \qquad (\,|\,x\,| \leqslant 1)$$

注意到 $\arctan 1 = \frac{\pi}{4}$，在上式中令 $x = 1$，就得到莱布尼兹公式：

$$\frac{\pi}{4} = 1 - \frac{1}{3} + \frac{1}{5} - \frac{1}{7} + \cdots + \frac{(-1)^n}{2n+1} + \cdots$$

这是用无限级数表示 π 的最简洁的公式，然而它却难以用于计算：它的各项的绝对值减小的速度太慢，以至于用很多项还只能求出粗糙的近似值。于是，人们不断探索更便于近似计算的无限级数来求 π 的值，思路大都是用较小数值的反正切来表示 π。例如，下面这些公式都能导出有效的计算公式：

$$\pi = 20\arctan \frac{1}{7} + 8\arctan \frac{3}{79} \qquad （欧拉—维加）$$

$$= 16\arctan \frac{1}{5} - 4\arctan \frac{1}{239} \qquad （马廷）$$

$$= 16\arctan \frac{1}{5} - 4\arctan \frac{1}{70} + 4\arctan \frac{1}{99} \qquad （卢瑟福）$$

有了微积分理论的这些成果，π 的计算就进入一个新的境界，小数位数增加很快，1706 年就达到 100 位（马廷），1794 年到了 140 位（维加），1824 年到了 152 位（卢瑟福），1844 年到了 205 位（达泽），1853 年到了 440 位（卢瑟福），1855 年到了 500 位（利希特尔）。在 19 世纪圆周率计算的竞赛中，冠军应该属于英国数学家山克司，他用了 15 年工夫，于 1874 年把 π 的值算到了 707 位。很遗憾的是，他算出的数值中第 528 位以后不正确。到了 1947 年，π 的值已经被计算到了 808 位（福克森）。这是电子计算机问世前的最高纪录了。

电子计算机问世以后，用电子计算机来计算圆周率，使 π 的小数位数以惊人的速度增长。早在 1949 年，就有人在一天一夜里算出 2048 位（其中 2037 位正确）；到了 1967 年，π 的值被算到了 50 万位；1988 年到了 2 亿多位；1989 年到 10 亿多位……

圆周率被计算到如此精确的地步，是我们的先人想象不到的，也超出了任何实际应用的需要。这类计算，与其说是探索 π 的奥秘，不如说是对计算机性能的考验。

◤ 球体积的证明

数学家刘徽在注《九章算术》时，研究了球体积公式。在《九章算术》中，他提出了 $V = \dfrac{9}{16}d^2$ 的球体积计算公式。从这个公式可以看出，当时把足球的体积作为它的外切立方体体积的 $\dfrac{9}{16}$ 倍来计算的，其中"9"实际表示 π^2，因那时人们经常取 π＝3 进行计算。刘徽首先看出了其中的错误。他发现了一种有趣的立体图形，并把它叫作"牟合方盖"。牟，相等；盖，伞。"牟合方盖"是指两个半径相同，且两轴相互垂直相交的圆柱的公共部分。由于其形状就像把两个方口圆顶的伞对合在一起，故取名为"牟合方盖"。刘徽指出球体积应该等于外切于它的一个牟合方盖体积的 $\dfrac{\pi}{4}$ 倍，即

$$V_{球} = \frac{\pi}{4}V_{牟}$$

因此，计算球体积的问题归结为计算 $V_{牟}$ 的问题，但刘徽一直没有找到求"牟合方盖"体积的办法。他坦率地说："欲陋形措意，惧失正理。敢不阙疑？以俟能言者。"希望后世能干的学者能尽快解决。

刘徽研究《九章算术》时曾发现：圆柱、圆锥、圆台的体积分别与同高

的外切方柱、方锥、方台的体积之比，等于同高处横截面面积之比，即 $\pi : 4$。刘徽认为，球体的体积可以通过其他容易求出体积的立体来表示，只要这个立体与球体在同高处的截面面积之比处处相等就可以了。

由于刘徽将球体看作是从圆柱到圆台这一变化过程的继续，因此要寻找的立体，也应该是从方柱到方台这一变化过程的继续，而且它的截面既应是正方形的，又该与球同高处的截面——圆的面积之比恒为 $\pi : 4$。这一立体应该是一个中心对称的，且对称中心截面面积为最大，而且截面分别向上、下逐渐缩小的立体。

另外，受《九章算术》将球体放在外切圆柱及外切立方体之中考察的启发，刘徽醒悟到这个立方体应该是内切于立方体的两个直交圆柱所围的部分，即"牟合方盖"了。

知识小链接

刘　徽

刘徽，汉族，山东临淄人，魏晋期间伟大的数学家，中国古典数学理论的奠基者之一。他是中国数学史上一位非常伟大的数学家。他的杰作《九章算术注》和《海岛算经》，是中国最宝贵的数学遗产。刘徽思维敏捷，方法灵活，既提倡推理又主张直观。他是中国最早明确主张用逻辑推理的方式来论证数学命题的人。刘徽的一生是为数学刻苦探求的一生。他虽然地位低下，但人格高尚。他不是沽名钓誉的庸人，而是学而不厌的伟人。他给我们中华民族留下了宝贵的财富。

"牟合方盖"的发现是一个很了不起的成就，这反映了刘徽已经不是单纯地停留于经验总结，他已经采用了辩证的思维形式。

刘徽之后200多年，他所期望的"能言者"果真出现，那就是祖冲之和他的儿子祖暅（又名祖暅之）。祖暅也是博学多才的数学家，从小就懂得孝敬父母，勤奋学习。传说，在祖冲之临终的时候，祖暅发誓要继承发扬他父亲的成就，一定要让皇帝采纳《大明历》。祖暅的主要工作是对《缀术》进行修改、补充。有人还认为《缀术》是由祖冲之和祖暅合著的。祖冲之在与戴法兴辩论时曾指出张衡盲从古人，沿用了《九章算术》中错误的球体积公式。看来，祖冲之已经得到了正确的球体积计算公式。但是唐朝李淳风在注《九章算术》时，又说所引用求球体积的方法是祖暅的。现在人们推测很可能是，祖冲之已经明确地知道以前的球体积公式是错误的，并且找到了正确的球体积公式，而祖暅则将它清晰地表达出来，并给出了严格的证明。

祖冲之、祖暅父子，运用"祖暅原理"获得球体积公式。所谓祖暅原理，是指"夹在两个平行平面间的两个立体，被平行于这两个平面的任何平面所截。如果它们的截面面积总相等，那么这两个立体的体积相等"。

西方数学书上称这一原理为"卡瓦列里定理"，他们认为是17世纪时意大利数学家卡瓦列里于1635年最早发现的。实际上，祖暅早于卡瓦列里1100多年前就发现了。

祖暅原理的原文是："幂势既同，则积不容异。"按现在的话来说，即：两个同高的立体，如在等高处的截面积相等，则体积也相等。该文原载于祖冲之、祖暅父子撰写的《缀术》一书，《缀术》已失传。唐朝数学家李淳风作《九章算术》注时，把祖暅原理及祖暅的由球体积求直径的"开立圆术"引用了进去，才使这一发明得以流传下来。

基本小知识

体　积

体积是指物质或物体所占空间的大小，占据一特定容积的物质的量（表示三维立体图形大小）。

祖暅继承了刘徽未完成的事业，求出了"牟合方盖"的体积，从而得到球体积公式。他是这样做的：

取牟合方盖（简称"方盖"）的 $\frac{1}{8}$，如图（a），设圆柱半径为 R。

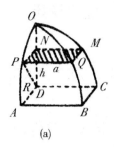 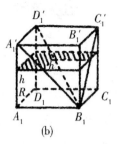

（a）　　　　　（b）

作一距底面 h 的平面交方盖，得一正方形 $PQMN$（用阴影表示），其边长为 a，则有 $a^2 = R^2 - h^2$。

另作一棱长为 R 的正方体，如图（b），且使它的底面 $A_1 B_1 C_1 D_1$ 与方盖的底 $ABCD$ 在同一平面上。从正方体中挖去一个倒立的四棱锥，得到一个新几何体 C。作一距底面为 h 的截面，交 C 得一曲尺形截面 ［图（b）中阴影表示］，其面积为 $R^2 - h^2 = a^2$。

由祖暅原理，方盖的 $\frac{1}{8}$ 与 C 等积，而 C 的体积 $= R^3 - \frac{1}{3}R^2 \times R = \frac{2}{3}R^3$。

所以，牟合方盖的体积 $V_{牟} = 8 \times \frac{2}{3}R^3 = \frac{16}{3}R^3$。

再由刘徽的公式，即可求得：

$$V_{球} = \frac{\pi}{4}V_{牟} = \frac{\pi}{4} \times \frac{16}{4}R^3 = \frac{4}{3}\pi R^3$$

这个球体积公式是数学史上的一个巨大成就，也是我们中华民族对世界科学的伟大贡献。

祖暅原理还可以推广为：夹在两平行平面间的两个立体，被平行于这两个平面的任一平面所截，如果它们的截面面积的比恒为一定值，那么这两个立体的体积之比也等于这个定值。

数学符号的发现和使用

数学除了记数以外，还需要一套数学符号来表示数和数、数和形的相互关系。

数学符号的发明和使用比数字晚，但是数量却比数字多得多。现在常用的有 200 多个，初中数学书里就不下 20 多种。它们都有一段有趣的经历。

例如加号曾经有好几种，现在通用"＋"号。

"＋"号是由拉丁文"et"（"和"的意思）演变来的。16 世纪，意大利数学家塔塔里亚用意大利文"più"（加的意思）的第一个字母表示加，草写为"φ"。最后都变成了"＋"号。

"－"号是从拉丁文"minus"（"减"的意思）演变来的，简写为 m，再省略掉字母，就成了"－"了。

也有人说，卖酒的商人用"－"表示酒桶里的酒卖了多少。以后，当把新酒灌入大桶的时候，就在"－"上加一竖，意思是把原线条勾销，这样就成了个"＋"号。

到了 15 世纪，德国数学家魏德美正式确定："＋"用作加号，"－"用作减号。

乘号曾经用过十几种，现在通用两种。一个是"×"，最早是英国数学家奥屈特 1631 年提出的；一个是"·"，最早是英国数学家赫锐奥特首创的。德国数学家莱布尼茨认为："×"号像拉丁字母"X"，加以反对，而赞成用"·"号。他自己还提出用"∩"表示相乘。可是现在这个符号应用到集合论中去了。

到了 18 世纪，美国数学家欧德莱确定，把"×"作为乘号。他认为"×"是"＋"斜起来写，是另一种表示增加的符号。

"÷"最初作为减号，在欧洲大陆长期流行。直到 1631 年英国数学家奥屈特用"："表示除或比，另外有人用"—"（除线）表示除。后来瑞士数学家拉哈在他所著的《代数学》里，才根据群众创造，正式将"÷"作为除号。

平方根号曾经用"℞"表示，这是拉丁文"Radix"（根）的首尾两个字母合并起来的。17 世纪初叶，法国数学家笛卡尔在他的《几何学》中，第一次用"$\sqrt{}$"表示根号。"$\sqrt{}$"是由拉丁字母"r"变来的，"—"是括线。

16 世纪法国数学家维叶特用"＝"表示两个量的差别。可是英国牛津大学数学、修辞学教授列考尔德觉得：用两条平行而又相等的直线来表示两数相等是最合适不过的了，于是等于符号"＝"就从 1540 年开始使用起来。

1591 年，法国数学家韦达在著作中大量使用这个符号，才逐渐为人们接受。17 世纪德国莱布尼茨广泛使用了"＝"号，他还在几何学中用"∽"表示相似，用"≌"表示全等。

大于号"＞"和小于号"＜"，是 1631 年英国著名代数学家赫锐奥特创没并使用的，至于"≯"、"≮"、"≠"这三个符号的出现，是很晚很晚的事了。大括号"{ }"和中括号"〔 〕"是代数学创始人之一魏冶德创造的。

基本
小知识

韦　达

韦达最重要的贡献是对代数学的推进。他最早系统地引入代数符号，推进了方程论的发展。韦达用"分析"这个词来概括当时代数的内容和方法。他创设了大量的代数符号，用字母代替未知数，系统阐述并改良了三、四次方程的解法，指出了根与系数之间的关系。给出三次方程不可约情形的三角解法。他主要著有《分析法入门》《论方程的识别与修正》《分析五章》《应用于三角形的数学定律》。

三个著名的无理数——e、π、Φ

e、π、Φ 是三个著名的无理数，其中数 e 是这三个无理数中唯一一个不为古人所知的无理数。由于它被用作自然对数的底，因此，它在微积分学中起着关键作用。e 跟我们日常的事情有什么关系呢？e 在我们日常生活中跟任何一个特定的整数一样被经常使用，但只有很少的人知道 e 是一个实际的数，是一个无理数和一个超越数。

在今天的银行业里，e 是对银行家最有帮助的一个数。人们可能会问，像 e 这样的数是怎样又以何种方式与银行业发生关系呢？要知道后者是专门跟"元"和"分"打交道的。

假如没有 e 的发现，银行家要计算今天的利息就要花费大量的时间，无论是逐日逐日地算复利，还是持续地算复利都无法避免。所幸的是，e 的出现助了一臂之力。

e 的定义是数列 $a_n = \left(1 + \dfrac{1}{n}\right)^n$ 的极限。通常写为 $e = \lim\limits_{n \to \infty} \left(1 + \dfrac{1}{n}\right)^n$。在利息计算中怎样借助于这个公式呢？实际的计算公式是 $A = P\left(1 + \dfrac{r}{n}\right)^n$。这里 A 为本利和，P 为本金，r 为年利率，n 为一年之内计算利息的次数。

数字 π，即圆的周长与其直径的比，很早就为巴比伦人和埃及人所知，后来阿基米德发现它的值在 $3\dfrac{1}{7} \sim 3\dfrac{10}{17}$。但是直到 1761 年，瑞士数学家约翰·海因里希·兰伯才确立了 π 是无理数这一事实。

Φ 则是这样定义的：如果我们把一条线段分成两个部分，使整条线段与较长部分之比等于较长部分与较短部分之比，而分点 C 则是以"黄金比率"划分了 AB。这个比率的数值用希腊字母 Φ（phi）表示。如果我们令 AB 是单位长度（$AB=1$），并且用 x 表示 AC 的长度，那么 $\Phi = \dfrac{1}{x} = \dfrac{x}{1-x}$。这就产生

了一个二次方程 $x^2+x-1=0$，它的正根是 $x=\dfrac{\sqrt{5}-1}{2}$，或约等于 0.61803，所以 $\Phi=\dfrac{1}{x}=\dfrac{1}{0.61803\cdots}=1.61803\cdots$ 与 $\sqrt{2}$ 一样，也是一个无理数，其十进制展开永不结束，永不重复。

古希腊人已知道黄金比率。黄金比率在希腊的建筑物中起着非常重要的作用。很多艺术家相信，在所有的矩形中，长宽之比为 Φ 的矩形的比例"最令人满意"，所以这个数在各种美学理论中起到了主要作用。令人惊奇的是，一些植物的叶片排列也显示出黄金比率。它有很多有趣的数学特性。

需要指出的是，由黄金分割所得之数 $\Phi=\dfrac{\sqrt{5}-1}{2}$ 与 $\sqrt{2}$、e、π 虽然都是无理数，但它们却属于本质上不同的两类数。$\sqrt{2}$ 和 Φ 是代数数，也就是说，它们是具有整系数的多项式方程的解（$\sqrt{2}$ 是方程 $x^2-2=0$ 的解，Φ 是方程 $x^2+x-1=0$ 的解），然而 e 与 π 不是任何整系数多项式方程的解，这种数属超越数。

证明 e 与 π 是超越数并非易事，相对来说，证明 e 容易一点，对于 π 的超越性的证明则更难。1873 年，法国数学家夏尔·埃尔米特证明了 e 是一个超越数，9 年后，德国的林德曼证明了 π 也是一个超越数。这种证明彻底地解决了"化圆为方"这一古老的问题。这可以说是人类最初具体认识到的两个超越数，虽然很久很久以前就知道有这样两个数（当初也并不是用符号 e 和 π 来表示的），但知道它们的超越性才不过一二百年的历史，这一认识是重要的历史跨越。

这两个数的背景是很不一样的。π 与几何相联系；e 与某种数量增减相联系，如上述存款本息的增长以及生物繁殖等，亦可说，e 是与分析相联系的。

e 与 π 都是无理数，但它们

你知道吗

几何

几何，就是研究空间结构及性质的一门学科。

都可以用有理数表示，例如，

$$\pi=4\left(1-\frac{1}{3}+\frac{1}{5}-\frac{1}{7}+\cdots\right),$$

$$e=1+\frac{1}{1!}+\frac{1}{2!}+\frac{1}{3!}+\frac{1}{4!}+\cdots$$

从这里可以看到有理数与无理数的许多联系，这些联系帮助我们通过有理数去把握无理数。然而，有限个有理数之和必然是有理数，无限个有理数之和则不一定是有理数了。

e 与 π 的来源和背景不同，表现形式也不同，它们的小数表示也如此不同：

π＝3.14159265358979323846…

e＝2.71828182845904523536…

尽管如此，人们却在不断探寻人类最初碰到的这两个具有极

拓展阅读

黄金比率的由来

黄金比率源于神奇数字。黄金比率是由 13 世纪末出生的意大利著名数学家发现的。比率由一组神奇数字计算而成。这组数字是 1、1、2、3、5、8、13、21、34、55、89、144、233、377、610、987、1597…这组数列，便是数学上著名的"斐波那契数列"。不难发现，每个数字都是之前两个数字之和组成的。

其特殊地位的超越数之间有什么联系。首先人们看到一些现象：e 与 π 这两数的上述表示式中，第 13 位数同是 9，第 17 位数同是 2，第 18 位数同是 3，第 21 位数同是 6，第 34 位数又同是 2。人们甚至猜测每隔 10 位数就会出现一个数相同。还有人猜测在 π 的数字中必有 e 的前 n 位数字，在 e 的数字中必有 π 的前 n 位数字。

计数和记数

计数就是数数。在计数时，无论按什么顺序去计数，只要没有遗漏，没有重复，所得的结果就是唯一的。例如，数一个班的学生人数，可以按年龄

由小到大的次序去数，也可以按身高从矮到高的次序去数，结果总是一样的。在计数时，用其他事物代替要数的事物，计数的结果不变。例如，数一个班学生的人数，可以数这个班点名册上的姓名，姓名的个数也就是这个班学生的人数。计数时，最后出现的数就是数得的结果。由于生产或生活的需要，在计数过程中，逐渐形成了各种进位制度，如二进制、五进制、十进制、十二进制、十六进制、六十进制等。通用的是十进制计数法，其特点是满十进一，按照满十进一的规律，把 10 个一叫作"十"，10 个十叫作"百"，10 个百叫作"千"，10 个千叫作"万"，10 个万叫作"十万"，10 个十万叫作"百万"，10 个百万叫作"千万"，10 个千万叫作"亿"……一（个）、十、百、千、万、十万、百万、千万、亿……都是计数单位，相邻两个单位之间的进率都是 10。

用符号把计数的结果记录下来，就叫作记数。古代有"结绳记数"，我们现在用数字记数，也叫写数。通用的是十进制记数法，是按位值原则用阿拉伯数字书写的。十进，即满十进一，位值原则即同一个数字，由于它在所记数中的位置不同，所表示的数值也不同。例如 2，20，200，2000 中的"2"，分别表示 2 个

拓展阅读

计数单位

　　像"一（个）、十、百、千、万、十万……"等自然数，叫作数的计数单位。这些计数单位按照一定的顺序排列起来，它们所占的位置叫作数位。

一，2 个十，2 个百，2 个千，由这四个 2 所组成的数"2222"中，每一个"2"除了它本身的值外，还有一个"位置值"，各个不同的计数单位所占的位置叫作数位，与十进制计数单位相对应的数位是个位、十位、百位、千位、万位……一个多位数从右起第 1 位是个位，第 2 位是十位，第 3 位是百位，第 4 位是千位……2222 这个数，个位上的"2"表示 2 个一，十位上的"2"表示 2 个十，百位上的"2"表示 2 个百，千位上的"2"表示 2 个千。

计数和计量

计数前一节已讲过，就是数数。

计量是把一个未知量和另一个约定的已知量作比较的过程。例如，要量一块布的长度，就要用一把有刻度的尺来量。有刻度的尺是已知量，待量的布的长度是未知量。用尺来量布的过程就是计量。

测量长度要用尺。除了常见的长条形尺以外，还有卷尺、游标卡尺、千分尺等，形状和用途完全不同。游标卡尺测长度，可以准确到 0.1 毫米；千分尺测长度，可以准确到 0.01 毫米。

测量容量常用的有量杯、量瓶等。

测量质（重）量的工具就更多了。过去菜市场上有木杆秤，商店柜台上有案秤，地上有台秤，工厂里使用的是大地秤，还有称火车的轨道衡。钢铁厂里把钢水倒进钢包内，重量达几吨甚至几十吨，加上 1000 多摄氏度的高温，要马上知道钢水的准确重量，不是一般的秤所能胜任的，就要用电子秤。

另外，如计时用的钟表，测定温度的各种温度计，家庭用的电度表、水表等都是计量工具。

知识小链接

游标卡尺

游标卡尺是一种测量长度、内外径、深度的量具。游标卡尺由主尺和附在主尺上能滑动的游标两部分构成。主尺一般以毫米为单位，而游标上则有 10、20 或 50 个分格，根据分格的不同，游标卡尺可分为十分度游标卡尺、二十分度游标卡尺、五十分度格游标卡尺等。

🔹 进位制

人类早期，为了数猎物、果实等物体的需要，逐渐产生了数。人的手指是最早的计数工具。随着生产力的不断发展，人们在实践中接触的数目越来越多，也越来越大，因而需要给所有自然数命名。但是自然数有无限多个，如果对于每一个自然数都给一个独立的名称，不仅不方便，而且也不可能，因而产生了用不太多的数字符号来表示任意自然数的要求，于是，在产生记数符号的过程中，逐渐形成了不同的进位制度。可能由于人们常用十个手指来计数的缘故，多数民族都采用了"满十进一"的十进制。

拓展阅读

进数之间的转换

二进制数、十六进制数转换为十进制数的规律是相同的。把二进制数（或十六进制数）按位权形式展开多项式和的形式，求其最后的和，就是其对应的十进制数——简称"按权求和"。

按照十进制计数法，我国是这样给自然数命名的。自然数列的前九个数各给以单独的名称，即：一、二、三、四、五、六、七、八、九；按照"满十进一"规定计数单位。10 个一叫作十，10 个十叫作百，10 个百叫作千，10 个千叫作万，10 个万叫作十万，10 个十万叫作百万，10 个百万叫作千万，10 个千万叫作万万，再给以新的名称叫作亿，亿以上又有十亿、百亿、千亿等。这样，每四个计数单位组成一级，个、十、百、千级称为个级，万、十万、百万、千万称为万级，亿、十亿、百亿、千亿称为亿级等。

其他自然数的命名，都由前九个数和计数单位组合而成。例如，一个数含有 3 个千、4 个百、5 个十、6 个一，就称作 3456。并且规定，除个级外，每一级的级名只在这一级的末尾给出。例如，一个数含有 5 个百万，2 个十万，6 个万，就称作 526 万。

世界上许多国家的命数法不是四位一级，而是三位一级，10 个千不给新的名称，就叫十千，到千千才给新的名称——密（译音），这样从低到高，依次是：个、十、百（是个级）；千、十千、百千（是千级）；密、十密、百密（是密级）等。

◆ 十进位制和二进位制

用十进位制来记数和运算，是大家都很习惯和熟悉的事。十进位制采用"满十进一"的"十进"计数、读数、写数的方法，即相邻的两个单位间的进率是十，有十个记数符号：0、1、2、3、4、5、6、7、8、9，把它们写在不同的数位上，数字所代表的数值就不同。所以，用十个数字与位置相结合，就可以写出一切自然数，是世界各个国家通常使用的一种进位制。

为什么有了十进位制以后，还要有二进位制呢？二进位制是什么样的，它有什么特别呢？二进位制是"满二进一"，写一个二进位制的数只有 0 和 1 两个数字，根据位值原则，"一"至"十"各数的写法如下：

一记作 1，二记作 10；

三记作 11，四记作 100；

五记作 101，六记作 110；

七记作 111，八记作 1000；

九记作 1001，十记作 1010。

用 0 和 1 这两个数字，也可以写出任何数值的数来。

由于二进位制只有两个基本数 0 和 1，这就优于十个数字的十进位制，只要找到有两种稳定状态的元件，就可以用来表示二进位制的数了。在自然界中具有两种稳定状态的元件是很多的，如开关的"开"和"关"，纸带有"有孔"和"无孔"。只需"通电"和"断电"两种信号来表示 0 和 1，所以，二进位制被广泛应用于电子计算机中。

采用二进位制还能使计算简单化。如果用二进位制做加法，对每一位来说只可能有 4 种情况：0＋0＝0，0＋1＝1，1＋0＝1，1＋1＝10。而十进位制做加法，情况就要复杂得多，0＋0，0＋1，0＋2，…1＋0，1＋1，…2＋0，2＋1，2＋2，…3＋0，3＋1，3＋2，…9＋0，9＋1，…9＋9 等 100 种情况。做减法、乘法、除法也同样是二进位制只有几种情况，十进位制有近百种情况。在四则运算中，满足四种情况自然优于满足一百种情况，由于算法简单，这也就使电子计算机的运算器结构简单一些。

因此，二进位制的产生，是因为它具有一定的有利条件和适应现代化建设的需要。

十进位制和二进位制是两种不同的进位制。平时，人们习惯使用的是十进位制的数，而电子计算机运算是用二进位制的数，当电子计算机运算后得到二进位制的数以后，人们仍将用十进位制数把它表示出来，所以，两种不同的进位制之间是可以进行换算的，实际上，电子计算机里也配备有将两种进位制进行换算的程序，这是人类智慧的结晶。

广角镜

十进位制

"十进位制"是"十进制"的一种，但"十进制"并不一定都是"十进位制"。不论数值多大，"十进位制"必须只用不多于 10 个字符来表达任何数值，并且只以在一组数尾加 n 个代表零值的字符，来表达此数和 $10n$ 的乘积，例如：123 乘 1000＝123000。

二进数和八进数

用几进制写出的数，我们就简称它是几进数。用十进数写出的数，就叫作十进数。二进数和八进数，就是分别用二进制、八进制写出的数。

在一种进位制中，某一单位满一定个数就组成一个相邻较高的单位，这个一定的个数就叫作这种进位制的底数。例如，千进制的底数是 10，八进的底数是8，二进制的底数是2。进位制的底数是1以外的任何自然数。

每一种进位制都可以按照位值原则来记数。由于每种进位制底数不同，所用数字个数也不同。十进制要用包括0在内的十个数字；八进制要用包括0在内的八个数字，即1，2，3，4，5，6，7和0；二进制只用1和0两个数字。由于二进制只有两个数字，决定了它的运算法则比较简单，并且由于1和0可以与开和关、有孔和无孔等建立对应关系，所以二进制广泛应用于电子计算机中。但是，用二进制记数位数比较多，使用很不方便，因此，在编制计算机的解题程序和在控制台的实际工作中，在二进制的基础上，有的采用八进制。

为了标明是哪个进位制中的数，一般在数的右下角注出进位制的底数。十进数除特殊需要以外，一般不注出底数。

用二进制记数的原则是"满二进一"，例如，零写作 $(0)_2$，一写作 $(1)_2$，二写作 $(10)_2$，三写作 $(11)_2$，四写作 $(100)_2$，五写作 $(101)_2$，六写作 $(110)_2$，七写作 $(111)_2$，八写作 $(1000)_2$。

因为二进制是满二进一，所以二进数的各个数位上的计数单位是：从右边起，第一位是一 (2^0)，第二位是二 (2^1)，第三位是四 (2^2)，第四位是八 (2^3)，第五位上是十六 (2^4) ……

用八进制记数的原则是"满八进一"，例如八写作 $(10)_8$，九写作 $(11)_8$，六十四写作 $(100)_8$。

因为八进制是满八进一，所以，八进数的各个数位上的计数单位是：从右边起，第一位是一 (8^0)，第二位是八 (8^1)，第三位是六十四 (8^2)，第四位是五百一十二 (8^3) ……

知识小链接

电子计算机

电子计算机，俗称电脑，是一种能够按照程序运行，自动、高速处理海量数据的现代化智能电子设备，由硬件和软件所组成。没有安装任何软件的计算机称为裸机。常见的形式有台式计算机、笔记本计算机、大型计算机等，较先进的计算机有生物计算机、光子计算机、量子计算机等。

◑▷几何学的产生

　　和数的概念一样，形的概念在我国奴隶社会也有新的发展。为适应各种社会活动（特别是生产实践活动）的需要而大大丰富了几何知识的内容。在夏商时代已开始兴修水利工程，传说夏禹曾领导治水，甲骨文有了"正河"的记载。"正河"就是兴修水利。当时城堡、房屋建筑的规模也很大，所有这些工程都要用到测绘和几何学知识。

◎ 测绘工具的发明

　　土木工程和工具的制造等都需要测量，而测量又需要一定的几何知识和必要的工具。例如在河南偃师二里头发掘出来的早商时代宫殿遗址，规模宏伟，光是台基面积就约有 1 万平方米，墙基很直，柱孔排列整齐，分布均匀。这样的大型建筑，必须通过测量才能办到。

　　早在商代已经有了"规""矩"二字的象形文字，据此可推断，"规"、"矩"的发明可能还要早得多。在汉代的许多画面上常有"伏羲手执规，女娲手执矩"的图像，规是两脚状，和现在的圆规相似，矩是一直角拐尺形。

　　公元前 2 世纪成书的《周髀算经》卷上记载："……故折矩以为句广三，股修四，径隅五。既方其外，半之一矩，环而共盘，得三、四、五。两矩共长二十有五，是谓积矩。故禹之所以治天下者，此数之所由生也。"这是在禹治天下时有了"勾三股四弦五"这个勾股定理的特例。

　　商代已普遍使用车子，仅在河南安阳殷墟就几次发现车子的遗迹。制造车子需要用到几何知识。轮是圆的，而辐有毂向外射出，把圆周角等分，也把圆周形的轮等分。1972 年挖掘出来的车轮有 22 根圆柱形的辐，排列整齐。车的轮牙一般是由几块弧形构件合成，这就产生了用几段圆弧合并成圆的概念。要做到这一点，事先必须做精细的测绘和必要的计算。但是显然应当使用测绘工具，否则车轮是做不成的。

◎ 几何测绘方式

西周以后的春秋战国时代由于战争和生产的需要，各地修建了不少堤防和水利工程。为了使各项工程合乎需要，必须进行测量和计算。早在两千四五百年前，水利工程中要进行距离、高低、厚薄、土方等测量，同时还包括工程期限、劳力多少和分配、所需粮食、材料等方面的计算。很显然，在这类工程中会遇到大量的几何问题，必须运用几何知识才能解决。如计算土方实际上就是体积计算。最简单的是立方体，稍复杂一点的是正四棱台，都应当有计算法则。城墙的修筑，同样需要几何知识。《墨子》中有关于城墙、城门、垛口、城楼等一系列的计算问题，都与立体几何有关系。

春秋时期，在一些经济发达的地区已经有了封建生产关系的萌芽。公元前594年鲁国（今山东南部）开始实行"初税亩"制度，不论公私田地要按亩纳税。这就要求人们去研究面积的计算问题。虽然在当时的书籍上还没有找到有关面积计算的记载，但是估计当时对于正方形、长方形、三角形、梯形、圆等的面积计算法则已相继产生了。

在春秋战国之际的遗物中，有各种形状的磨制品，其中最引人注意的是1971年在山东临溜郎家庄出土的公元前500年～公元前400年的殉人墓中水晶珠。这种水晶珠呈简单的半正多面体形状，通过观察，可知其磨制过程：先把水晶块磨成正六面体，再磨去8个角（有一定要求），便成为一种半正多面体。它的表面由6个相等的正方形和8个相等的正三角形构成，并且所有的二面角都相等。在同一殉人墓中出土的一件漆器上画有很规则的同心圆、正方形、平行线、三角形、平行四边形、菱形、长方形等各种几何图形。

战国时期已经有了很好的技术平面图，例如在一些漆器上有船只、兵器、建筑等图形，其画法符合正投影原理。在河北省出土的战国时中山国墓中的一块铜片上有一幅建筑平面图，表现出很高的制图技巧和几何水平。

当时，在制造各种工具、器械、乐器过程中，常常会需要把两个棒形物曲折相接，或者是将金属板、木板做成多边形，这就要用到角的概念。在《考工记》一书中有不少这方面的记载。这本书对于角和几种特殊角都有专门名称，把非直角的角叫作"倨句"，"倨"是钝角，"句"是锐角。直角叫作"倨句中矩"或简称"一矩"，例如"磬氏为磬：倨句一矩有半"。"磬"是古代的一种石制乐器，常把大小不等的几个磬按大小次序为一组吊起来敲打发声。"磬氏"是指制造石磬的工匠。"倨句一矩有半"是指石磬背部的折角的规格，其大小是一个直角（矩）再加上半个直角，相当于 $90° + \dfrac{1}{2} \times 90° = 135°$。在同一书中还有关于车辆规格的记载，包括一些构件角度大小的规定，并且把不同角度的构件取了专门名称。

《考工记》还记载："筑氏为削：合六而成规；天子之弓，合九而成规；诸侯之弓，合七而成构；大夫之弓，合五而成规；士之弓，合三而成规。"是说制造弓的规格，每张弓都成一圆弧形状，使几张弓合在一起构成圆周。但是要根据当时的社会等级的要求去制弓。一般人用的弓六张合在一起为一圆周，天子用的弓九张合在一起为一圆周等。这里已经包含着明确的等分圆周概念。如果把弓上弦联在一起考虑，就构成了圆内接正六边形、正九边形、正七边形、正五边形、正三角形。

**基本
小知识** 🖱

古埃及

古埃及是四大文明古国之一，典型的水力帝国。举世闻名的金字塔就是法老王的陵墓。目前埃及共有 80 余座金字塔，其中最大的一座是胡夫金字塔。除了金字塔以外，狮身人面像、木乃伊也是埃及的象征。

在春秋战国时代的文献上常常把测量和绘图记载在一起。实际上，两者之间有密切的关系。当时测量的内容已经比较齐全，包括直线测量、水准测量、垂直测量等，分别叫作"绳墨"（或"准绳"），"水"和"悬"等。"绳墨"就是打墨线以取直，"水"是以水平面为标准测量坡度和高程，"悬"是

用悬垂的线以定垂直。

由此说明，春秋战国时代，由于社会生产的发展以及战争的需要，人们已经积累了较为丰富的几何知识。

分形几何的发现

生活在北方的人对雪花是不陌生的，那晶莹剔透的雪花曾引起无数诗人的赞叹。但若问起雪花的形状是怎样的，能回答上来的人不一定很多。也许有人会说，雪花是六角形的，这既对，但又不完全对。雪花到底是什么形状呢？1904 年，瑞典数学家科赫讲述了一种描述雪花的方法。

先画一个等边三角形，把边长为原来三角形边长的 $\frac{1}{3}$ 的小等边三角形选放在原来三角形的三条边上，由此得到一个六角星；再将这个六角星的每个角上的小等边三角形按上述同样方法变成一个小六角星……如此一直进行下去，就得到了雪花的形状。

基本小知识

等边三角形

如果一个三角形满足下列任意一条，则它必满足另一条，三边相等或三角相等的三角形为等边三角形，即：（1）三边长度相等。（2）三个内角度数均为 60°。

从上面的描述过程可以看出：原来雪花的每一部分经过放大都可以与它的整体一模一样，小小的雪花竟然有这么多学问。现在已经有了一个专门的数学学科来研究像雪花这样的图形，这就是 20 世纪 70 年代由美国计算机专家曼德布罗特创立的分形几何。所谓分形几何就是研究不规则曲线的几何学。目前分形几何已经在很多领域得到了应用。

🖝 射影几何的发现

　　射影几何具有悠久的发展历史。古希腊时代的数学家欧几里得和阿波罗尼奥斯就都有一些属于射影几何的发现。到 17 世纪，法国数学家德扎格和帕斯卡始创射影几何。1639 年，德扎格通过对透视的研究，建立了无穷远点和射影空间的概念。1640 年，年仅 17 岁的帕斯卡发现了著名的帕斯卡定理，从此产生了一个优美的数学学科——射影几何，并在 19 世纪得到很大发展。射影几何主要包含 3 个基本定理，即帕斯卡定理、德扎格定理和帕普斯定理。

　　帕斯卡定理：设 $ABCDEF$ 是 $\odot O$ 的内接六边形。对边 AB 和 DE 交于点 X，对边 BC 和 EF 交于点 Y，对边 CD 和 AF 交于点 Z，则 X、Y 和 Z 在一条直线上。

　　德扎格定理：设 $\triangle ABC$ 和 $\triangle A'B'C'$ 的对应顶点连线 AA'、BB' 和 CC' 交于一点，则三组对应边的交点在同一条直线上。

　　帕普斯定理：设 A、C、E 是一条直线上的三个点，B、D、F 是另一条直线上的三个点。如果直线 AB、CD、EF 分别与 DE、FA、BC 相交，则三个交点 L、M、N 共线。

> ✐ 知 识 小 链 接
>
> ### 定　理
>
> 定理是用逻辑的方法判断为正确并作为推理的根据的真命题。

解析几何的发明

解析几何的发明标志着数学已从常量数学时期进入变量数学时期。解析几何的发明者是法国数学家笛卡尔。

笛卡尔，1596 年 3 月 31 日生于法国的一个小城市，从小喜爱科学。8 岁时进入一所教会学校，在那里他认识了一些好朋友，经常在一起谈天说地，试图探索世界的奥秘。其中有一位就是梅森（后来，也是有名的数学家）。毕业后，他进入普瓦界大学读法律，20 岁时大学毕业去巴黎当律师。当时有种风气，有志之士，不是致力于宗教就是献身于军事。也许，笛卡尔不满于法国的政治状态，1617 年，他到了荷兰，投入奥伦茨的部队，当了一名士兵。

有一天笛卡尔在街上散步，被路旁一张海报吸引。可是他不懂荷兰文，只能从大家的议论中听出，好像是有关解数学题的挑战书，便请教旁边的中年人，巧得很，此人就是当时有名的别克曼教授。教授告诉他："这可是一道难题啊，你有兴趣吗？"想不到，笛卡尔没有用多少时间就求得解答，别克曼大为惊奇。从此，笛卡尔开始在别克曼指导下认真研究数学。

这段时期，与其说笛卡尔是个士兵，还不如说他是一名攻读数学的研究生。他终日沉迷在深思之中，考虑哲学和数学问题。日有所思，夜有所梦，一天晚上（这时，他在慕尼黑附近的军营中）他接连做了几个梦。传说他梦见一只黑色的苍蝇疾飞着，眼前留下了苍蝇飞过的痕迹，时而是直线，时而是曲线，时而又停下来留下一个黑点。笛卡尔从梦中惊醒，他意识到直线和曲线均可由点的运动而成，笛卡尔在回忆录中写道，"第二天，我开始懂得这惊人发现的基本原理"，这就是指他得到建立解析几何的线索。

1621 年，笛卡尔终于脱离军队，返回法国。

他回到巴黎后，重逢好朋友梅森等人，参加了他们的数学集团。因为不满于法国的环境，到了 1628 年，他又移居荷兰，潜心研究哲学及数学，埋头写作 4 年之久。1649 年笛卡尔被邀请出版了《更好地指导推理和寻求科学真理的方法论》，其中有一个附录是《几何学》，这就是现今解析几何的起点。

当时，"几何学"一词，并不专指现在的"几何"而言，它和"数学"是同义语。正像我国古代"算术"和"数学"是同义语一样。

《几何学》共分三卷。第一卷讨论尺规作图，第二卷是曲线的性质，第三卷是立体与"超立体"的作图。

笛卡尔的中心思想是要建立起一种普遍的数学，使算术、代数和几何统一起来。他从古代已知的天文和地理的经纬制度出发，指出平面上的点和实数对 (x, y) 的对应关系。进一步考虑二元方程 $F(x, y) = 0$ 的性质，满足这方程的 x、y 值无穷多，当 x 变化时 y 值也跟着改变，x，y 不同的数值所确定的平面上许多不同的点，便构成了一条曲线。这样，一个方程就可以通过几何的直观方法去处理；反过来可以离开几何图形用代数的方法研究曲线的性质。具有某种性质的点相互间有某种关系，这种关系可用一个方程来表示，这就是解析几何的基本思想。

在 19 世纪解析几何传入我国。1859 年李善兰与伟烈亚力合译的《代微积拾级》，是我国第一本解析几何的译本，也是第一本微积分的译本。其中"代"就是指"代数几何"，意思是指用代数方法研究几何，这是解析几何的最初译名。1935 年《数学名词》出版后，才确定"解析几何学"这个名词，一直沿用至今。

基本小知识

李善兰

李善兰，原名李心兰，字竟芳，号秋纫，别号壬叔。生于 1811 年 1 月 2 日，浙江海宁人，是近代著名的数学、天文学、力学和植物学家。他创立了二次平方根的幂级数展开式，各种三角函数、反三角函数和对数函数的幂级数展开式。这是李善兰也是 19 世纪中国数学界最重大的成就。

变量的思想是由笛卡尔引入的，但他没有使用变量这一术语。他在《几何学》一书中称一些量为"未知和未定的量"，就相当于现在的变量。

笛卡尔《几何学》第二卷中有这样一个例子：

设直尺 GL 的一端固定在 G 点上，可以绕 G 点旋转。$AK \perp GA$，有一个三角板 CKB 的边 BK 贴在 AK 直线上，上下移动，使直尺通过三角板 BK 边上的固定点，求 GL 与三角板 CK 边（或延长线）交点 C 的轨迹。

笛卡尔选择直线 AB 作为度量点的位置的标准，以 A 作为始点（用现代的术语来说就是以 AB 作坐标轴，A 点作坐标原点）。

作 $NL /\!/ CD /\!/ GA$。他写道："因为 CB 和 BA 是两个未知和未定的量，分别令它们为 y 和 x。"

又令 $GA = a$，$KL = b$，$NL = c$。因 $c : b = y : BK$，

故 $BK = \dfrac{b}{c}y$，$BL = \dfrac{b}{c}y - b$，$AL = x + \dfrac{b}{c}y - b$

又 $CB : BL = y : (\dfrac{b}{c}y - b) = GA : AL = a : (x + \dfrac{b}{c}y - b)$，

故 $\dfrac{ab}{c}y - ab = xy + \dfrac{b}{c}y^2 - by$，所求的轨迹方程是

$$y^2 = cy - \frac{cx}{b}y - ac$$

笛卡尔说这是一条双曲线。

这里可以看到笛卡尔是怎样引入变量的。

在数学上使用"变量"这个词，最早是贝努利。变量也叫变数，汉语"变数"这个词，是我国数学家李善兰最先使用的，他在《代微积拾级》的译本中说："代数以甲、乙、丙、丁诸元代已知数，以天、地、人、物诸元代未知数。微分积分以甲、乙、丙、丁诸元代常数，以天、地、人、物诸元代变数。"

恩格斯对笛卡尔的工作给予了极高的评价，他说："数学中的转折点是笛卡尔的变数。有了变数，运动进入了数学，有了变数，辩证法进入数学……"

开普勒

开普勒（1571—1630）是德国著名的天体物理学家、数学家、哲学家。他首先把力学的概念引进天文学，他还是现代光学的奠基人，制作了著名的开普勒望远镜。他发现了行星运动三大定律，为哥白尼创立的"太阳中心说"提供了最为有力的证据。他被后世誉为"天空的立法者"。

➤ 亲和数

见诸文字记载的一对亲和数 220 和 284，最早出现在公元 300 年左右。希腊人伊安布利霍斯对希腊数学家尼科马霍斯（约公元 100 年）《算术入门》的一书注释中，人们公认，公元前 5 世纪的毕达哥拉斯学派早已知道这对亲和数了。

亲和数是指一对正整数，它们各自等于对方所有因数之和。如：$220 = 2^2 \times 5 \times 11$，其因数之和 $1 + 2 + 4 + 5 + 10 + 11 + 20 + 22 + 44 + 55 + 110 = 284$；$284 = 2^2 \times 71$，其因数之和 $1 + 2 + 4 + 71 + 142 = 220$。

传说毕达哥拉斯认为，这样一对数的关系符合"友道"，所以叫作亲和数。有人问他："什么叫朋友？"他就以这两个数为例，答道："另一个我。"

公元 9 世纪，阿拉伯学者泰比特把希腊文献译成阿拉伯文，提出一个一般法则：如果三个数 $p = 3 \times 2^{n-1} - 1$，$q = 3 \times 2^n - 1$，$r = 9 \times 2^{2n-1} - 1$ 都是素数，且 p，$q > 2$，那么 $2^n pq$ 和 $2^n r$ 就是一对亲和数。现在取 $n = 2$，得 $p = 5$，$q = 11$，$r = 71$，且 5 和 11 均大于 2，则 $2^n pq = 2^2 \times 5 \times 11 = 220$，$2^n r = 2^2 \times 71 = 284$，正是亲和数。如果取 $n = 4$，可得 17296 和 18416；取 $n = 7$，可得 9363584 和 9437056，这两组也是亲和数。

一般认为，17296 和 18416 这对亲和数是费尔马（法国数学家）提出来的。费尔马是在 1636 年重新发现了泰比特法则。1985 年的《国际数学史》杂志上，有人考证极有可能是泰比特第一个发现亲和数 17296 和 18416。

1638 年 3 月 11 日，笛卡尔在一封信中提出第三对亲和数 9363584 和 9437056。

100 多年后，欧拉先于 1747 年提出一张有 30 对（包括上述 3 对）亲和数的表格；后又于 1750 年，分 5 大类 14 种情况做全面深入的研究，共求出 62 对，以后又扩展到 64 对。

1915 年，鲁迪奥验算欧拉的亲和数表，发现其中有两对不成立。

从费尔马以来的数百年间，一代又一代的数学家研究亲和数。他们的工作包括两个方面：寻找新的表达公式和寻找新的亲和数。现在我们已经知道 1000 多对亲和数了。到 1974 年为止，人们所知道的最大的一对亲和数是：

$$3^4 \times 5 \times 11 \times 5\,281^{19} \times 29 \times 5\,281^{19} \times 29 \times 89\ (2 \times 1291 \times 5\,2811^{19} - 1)$$

和 $3^4 \times 5 \times 11 \times 5\,281^{19}\ (2^3 \times 3^3 \times 5^2 \times 1\,291 \times 5\,281^{19} - 1)$

最令人惊讶的是，欧拉之后 100 多年，16 岁的意大利少年帕格尼尼于 1866 年宣布：他找到了欧拉亲和数数表中没有的亲和数：1184 和 1210。

直到 1913 年，迪克森才证明了：较小数小于 6233 的亲和数只有 5 对，从小到大排列为：220 和 284，1184 和 1210，2620 和 2924，5020 和 5564，6232 和 6368。

拓展思考

欧拉与亲和数

欧拉采用了新的方法，将亲和数划分为五种类型加以讨论。欧拉超人的数学思维，解开了令人止步 2500 多年的难题，令数学家拍案叫绝。

第一对是古希腊数学家毕达哥拉斯发现的，第二对是意大利少年帕格尼发现的，后三对是伟大的数学家欧拉发现的。

➥ 破碎数

在拉丁文里，"分数"一词是打破、断裂的意思，因此分数也曾被人叫作是"破碎数"。

在数的历史上，分数几乎与自然数同样古老，在各个民族最古老的文献里，都能找到有关数的记载，然而，分数在数学中传播并获得自己的地位，却用了几千年的时间。

拓展阅读

课　本

课本，通俗地说就是在学校使用的书，也叫"教材"或"教科书"。它是教师教育学生的蓝本，也是师生进行教学互动必不可少的工具。它能提供丰富的阅读材料，营造自主学习的情境，促进学习方式的改变。在教学过程中学生通过课本能够学习系统的知识，能够启迪美好的情感，能够陶冶美好的情操。课本能使学生在学好本领的同时树立正确的、科学的价值观、人生观和世界观。

在欧洲，这些"破碎数"曾经令人谈虎色变，被视为畏途。7世纪时，有个数学家算出了一道8个分数相加的习题，竟被认为是干了一件了不起的大事情。在很长的一段时间里，欧洲数学家在编写算术课本时，不得不把分数的运算法则单独叙述，因为许多学生遇到分数后，就会心灰意冷，不愿意继续学习数学了。直到17世纪，欧洲的许多学校还不得不派最好的教师去讲授分数知识。以至到现在，德国人形容某个人陷入困境时，还常常引用一句古老的谚语，说他"掉进分数里去了"。

一些古希腊数学家干脆不承认分数，把分数叫作"整数的比"。

$\frac{1}{4}$和$\frac{1}{28}$怎么能够表示$\frac{2}{7}$呢？原来，古埃及人只使用分子为1的那些分数，遇到其他的分数，都得拆成单分子数的和。$\frac{1}{4}$ 和 $\frac{1}{28}$ 都是单分子数，它们的和正好是 $\frac{2}{7}$，于是就用 $\frac{1}{4}+\frac{1}{28}$ 来表示 $\frac{2}{7}$。那时还没有加号，相加的意思要由下文显示出来，看上去就像把 $\frac{1}{4}$ 和 $\frac{1}{28}$ 摆在一起表示了分数 $\frac{2}{7}$。

由于有了这种奇特的规定，古埃及的分数运算显得特别繁琐。例如要计算 $\frac{5}{7}$ 与 $\frac{5}{21}$ 的和，首先得把这两个分数都拆成单分子数：

$$\frac{5}{7}+\frac{5}{21}=\left(\frac{1}{2}+\frac{1}{7}+\frac{1}{14}\right)+\left(\frac{1}{7}+\frac{1}{14}+\frac{1}{42}\right)$$

然后再把分母相同的分数加起来：

$$\frac{1}{2}+\frac{2}{7}+\frac{2}{14}+\frac{1}{42}$$

由于算式中出现了一般分数，接下来又得把它们拆成单分子分数：

$$\frac{1}{2}+\frac{1}{4}+\frac{1}{7}+\frac{1}{28}+\frac{1}{42}$$

这样一道简单的分数加法题，古埃及人算起来都这么费事，如果遇上复杂的分数运算，运算起来又该是何等的吃力。

在西方，分数理论的发展出奇得缓慢，直到 16 世纪，西方的数学家们才对分数有了比较系统的认识。甚至到了 17 世纪，数学家科克在计算 $\frac{3}{5}+\frac{7}{8}+\frac{9}{10}+\frac{12}{20}$ 时，还用分母的乘积 8000 作为公分母。

而这些知识，我国数学家在 2000 多年前就已经知道了。

我国现在尚能见到最早的一部数学著作，刻在汉朝初期的一批竹简上，名字叫《算数书》。它是 1984 年初在湖北省江陵县出土的。在这本书里，人们已经对分数运算做了深入的研究。

稍晚些时候，在我国古代数学名著《九章算术》里，已经在世界上首次系统地研究了分数。书中将分数的加法叫作"合分"，减法叫作"减分"，乘法叫作"乘分"，除法叫作"除分"，并结合大量例题，详细介绍了它们的运算法则，以及分数的通分、约分、化带分数为假分数的方法步骤。尤其令人自豪的是，我国古代数学家发明的这些方法和步骤，已与现代的方法和步骤大体相同了。

拓展思考

符 号

符号是指具有某种代表意义的标志，来源于规定或者约定成俗，其形式简单，种类繁多，用途广泛，具有很强的艺术魅力。

例如："又有九十一分之四十九，问约之为几何?"书中介绍的方法是：从 91 中减去 49，得 42；从 49 中减去 42，得 7；从 42 中连续减去 7，到第 5 次时得 7，这时被减数与减数相等，7 就是最大的公约数。用 7 去约分子、分母，那就得到了 $\frac{49}{91}$ 的最简分数 $\frac{7}{13}$。不难看出，现在常用的辗转相除法，正是由这种古老的方法演变而来。

公元 263 年，我国数学家刘徽注释《九章算术》时，又补充了一条法则：分数除法就是将除数的分子、分母颠倒与被除数相乘。而欧洲直到 1489 年，才由维特曼提出相似的法则，这比刘徽晚了 1200 多年。

▶ 盈不足术

如果有人出这样一道题：4 个人合买一件 12 元的礼物，问每人应出多少钱? 你会毫不费力地回答：每人应出 3 元。从代数的角度来看，这只不过是解方程 $4x=12$ 而已，非常简单。但令人惊奇的是，像 $px-q=0$ 这种简单的一次方程问题，在古代却要大费周折，用相当麻烦的办法来解决。

在中世纪的欧洲，为了解 $px-q=0$ 这种类型的问题，有时要用到所谓"双设法"，即通过两次假设以求未知数的方法。这种方法的大意是：设 a_1 和 a_2 是 x 值的两个猜测数，b_1 和 b_2 是误差，这时有

$$\begin{cases} a_1 p - q = b_1 & (1) \\ a_2 p - q = b_2 & (2) \end{cases}$$

$(1) - (2)$ 得 $p(a_1 - a_2) = b_1 - b_2$ $p = \dfrac{b_1 - b_2}{a_1 - a_2}$

$(1) \times a_2 - (2) \times a_1$，得 $-q(a_2 - a_1) = a_2 b_1 - a_1 b_2$ $q = \dfrac{a_2 b_1 - a_1 b_2}{a_2 - a_2}$

因此，$x = \dfrac{q}{p} = \dfrac{a_2 b_1 - a_1 b_2}{b_1 - b_2}$，就求出了 x 的值。在代数学的符号系统发展起来之前，"双设法"是中世纪欧洲解决算术问题的一种主要方法，并得到广泛的应用。13世纪著名的意大利数学家斐波那契，最早介绍了这种方法，并把它叫做"阿尔—契丹耶"，这显然是阿拉伯语的音译。因为在11~13世纪，这种方法就引起了阿拉伯数学家的重视，并称之为"契丹算法"。另一方面，我们知道当时阿拉伯人所说的"契丹"，实际上就指的是中国。"契丹算法"就是"中国算法"。由此看来，"双设法"追本溯源应该来自我国，来自我国古代的"盈不足术"。我国的"盈不足术"很可能经由阿拉伯传入欧洲，在欧洲数学发展中起了重要的作用。"盈不足"又称"盈肭"（róu），是我国古代解决"盈亏类"问题的一种算术方法。"盈"就是"多"，"不足"就是"少"。我国古代数学名著《九章算术》里有一章就叫作"盈不足"，其中第一个问题是："今有共买物，人出8，盈3；人出7，不足4。问人数、物价各几何?"这道题的题意是：现在有几个人合起来买东西。如果每人出8元，则多3元；如果每人出7元，则少4元。问人数和物价是多少？《九章算术》给出了这个问题的一般解法。我们用现在的代数式来表示：设每人出 a_1，盈（或不足）b_1；每人出

广角镜

方 程

方程是表示两个数学式之间相等关系的一种等式，通常在两者之间有一个等号。方程不用按逆向思维思考，可直接列出等式并含有未知数。它具有多种形式，如一元一次方程、二元一次方程等。方程广泛应用于数学、物理等理科应用题的运算。

a_2，盈（或不足）b_2。其中，在盈的情况下，b_1，$b_2 > 0$，不足时，b_1，$b_2 < 0$。于是，人数 p 或物价 q 可由下列公式计算出来：

$$p = \frac{b_1 - b_2}{a_1 - a_2} \qquad q = \frac{a_2 b_1 - a_1 b_2}{a_1 - a_2}$$

在上述问题中，由这两个公式可得人数 $p = 7$（人），物价 $q = 53$（元）。

"盈不足术"是我国古代数学的一项杰出成就。用"盈不足"算法，不仅能解决盈亏类问题，而且还能解决一些较复杂的问题。例如，设好地 1 亩（1 亩＝666.7 平方米）产粮 150 千克，次地 7 亩产粮 250 千克；现在有一顷地共产粮 5000 千克，问好地和次地各有多少亩？这道题虽然没有给出"盈"和"不足"的数值，但可以假定有好地 20 亩，次地 80 亩，于是，可算出这种情况应多产粮 $1714 \frac{2}{7}$ 斤。如果假定有好地 10 亩，次地 90 亩，则应少产粮 $571 \frac{3}{7}$ 斤。因此，根据上述公式即可算出好地有 12 亩半，次地有 87 亩半。

当然，应用我们学到的一次方程或二次方程等代数知识，很容易解决日常遇到的算术难题，不必多此一举地再用"盈不足术"了。但在高等数学范围内，有时还要用盈不足术推求高次数字方程或函数实根的近似值。

▶ 重差术

刘徽是我国三国时代的魏国人，可能是山东人。他曾从事度量衡考校工作，研究过天文历法，但主要是研究数学。

刘徽自幼就学习《九章算术》，对该书有独到的研究。他不迷信古人，对《九章算术》中许多问题的解法不满意，于公元 263 年完成了《九章算术注》，对《九章算术》的公式和定理给出了合乎逻辑的证明，对其中的重要概念给出了严格的定义，为我国古代数学建立了完备的理论。

刘徽创造了一种测量可望而不可即目标的方法，叫作"重差术"。重差术也叫"海岛算经"，附在《九章算术》之后，共有 9 个问题。

刘徽说："凡望极高，测绝深而兼知其远者必用重差，勾股则必以重差为率，故曰重差也。"这段话的意思是，重差用于测不可到达物的距离。用两次测量之差，再利用相似比来进行计算。

"海岛算经"的第一个问题是"测海岛高及距离。"题目原文是：

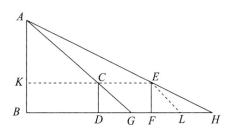

"今有望海岛，立两表，齐高三丈，前后相去千步，令后表与前表参相直。从前表却行 123 步，人目著地取望岛峰，与表末参合。从后表却行 127 步，人目著地取望岛峰，亦与表末参合。问岛高及去表各几何?"按现代数学语言译出，就是："为了求出海岛上的山峰 AB 的高度，在 D 和 E 处树立标杆 DC 和 EF，标杆高都是 3 丈，两标杆相距 1000 步，AB、CD 和 EF 在同一平面内。从标杆 DC 退后 123 步到 G 点，看到岛峰 A 和标杆顶端 C 在一条直线上；从标杆 FE 退后 127 步到 H 点，也看到岛峰 A 和标杆顶端正在一条直线上。求岛峰高 AB 及水平距离 BE。"

为解此题，可令标杆高为 h，两杆标的距离为 d，第一次退 a_1，第二次退 a_2。又设岛高为 x，BE 为 y。

按刘徽的作法是，作 $EL /\!/ AG$ 交 BH 于 L 点，作 $EK /\!/ BE$ 交 AB 于 K 点。

$\because \triangle ELH \backsim \triangle ACE$

$\triangle EHF \backsim \triangle AEK$

$\therefore \dfrac{EC}{HL} = \dfrac{AE}{EH} \quad \dfrac{AE}{EH} = \dfrac{AK}{EF}$

$\therefore \dfrac{EC}{HL} = \dfrac{AK}{EF}$

已知 $EC = DF = d$，$HL = FH - FL = FH - DG = a_2 - a_1$，$EF = h$，可得：

$$\frac{d}{a_2 - a_1} = \frac{AK}{h}, \quad AK = \frac{d}{a_2 - a_1}h$$

$$x = AK + h = \frac{d}{a_2 - a_1}h + h$$

又 $\because \triangle CDG \backsim \triangle AKC$

$\therefore \dfrac{KC}{DG} = \dfrac{AK}{CD}$

已知 $KC = y$，$DG = a_1$，$AK = \dfrac{d}{a_2 - a_1}h$，$CD = h$，所以

$$\frac{y}{a_1} = \frac{\dfrac{d}{a_2 - a_1}h}{h}$$

$$y = \frac{d}{a_2 - a_1}a_1$$

在上面公式里 $\dfrac{d}{a_2 - a_1}$ 是两个差数之比，所以叫重差术，也有人说因为两次用到差 $a_2 - a_1$，所以叫重差。

刘徽也得到了上面的公式，其公式为：

$$岛高 = \frac{表高 \times 表间}{后表却行 - 前表却行} + 表高$$

其中"表"就是标杆，"却"就是后退。

将"海岛算经"第一题的数据代入公式，可得 $x = 1506$ 步，$y = 30750$ 步。

"海岛算经"本来不独立成书，是附在《九章算术》中"勾股"章后面的一个附录，主要讲用勾股定理进行测量的补充和发展。到公元 7 世纪唐朝初年，才从《九章算术》中抽出来成为一部独立著作。因为第一题是关于测量海岛的高和远，所以起名《海岛算经》。

现传本《海岛算经》的九个问题中，有三个问题需要观测两次，有四个问题要观测三次，还有两个问题要观测四次。所有的观测和计算，都是应用相似三角形对应边成比例进行的，虽然没有引入三角函数，但是利用线段之比，同样可得结果。

重差术是我国数学上的一个创造。

生活中的数学

在我们每个人的日常生活中都处处充满了数学知识，它们不但非常有趣，而且在生活当中起着无法替代的作用。

我们现实生活中，无论是购物、计时、储蓄和投资等都与数学有关。可以说，数学在人们的生活中无处不在，数学是日常生活中必不可少的工具。不管人们从事什么职业，都不同程度地会用到数学知识与技能以及数学的思考方法。特别是随着互联网时代的来临，这种需要更是与日俱增。无论是我们日常生活中的天气预报、市场调查与预测，还是基因图谱的分析、工程设计、信息编码、质量监测等，都离不开数学的支持。

总之，数学的价值与作用体现在生活的方方面面，它深刻影响着我们的生活。因此，我们不可忽视生活中的数学，要重视它并最大限度地开发、利用它。

对数的发现

16、17 世纪之交，随着天文、航海、工程、贸易以及军事的发展，改进数字计算方法成了当务之急。英国数学家纳皮尔（1550—1617）正是在研究天文学的过程中，为了简化其中的计算而发明了对数。对数的发明是数学史上的重大事件，天文学界更是以近乎狂喜的心情迎接这一发明。恩格斯曾经把对数的发明和解析几何的创始、微积分的建立称为 17 世纪数学的三大成就，伽利略也说过："给我空间、时间和对数，我就可以创造一个宇宙。"

对数发明之前，人们对三角运算中将三角函数的积化为三角函数的和或差的方法已很熟悉，而且德国数学家斯蒂弗尔（1487—1567）在《综合算术》（1544）中阐述的

1, r^2, r^3, r^4, … (1)

与 0, 1, 2, 3, …

之间的对应关系（$r^n \rightarrow n$）及运算性质（即上面一行数字的乘、除、乘方、开方对应于下面一行数字的加、减、乘、除）也已广为人知。经过对运

拓展阅读

伽利略

伽利略（1564—1642），意大利物理学家、天文学家和哲学家，近代实验科学的先驱者。伽利略对现代科学思想的发展做出了重大贡献。他是最早（1609年 11 月）用望远镜观察天体的天文学家，曾用大量事实证明地球环绕太阳旋转，否定地心学说。由于他最先把科学实验和数学分析方法相结合并用来研究惯性运动和落体运动规律，为牛顿对第一和第二运动定律的研究铺平道路，所以常被认为是现代力学和实验物理的创始人。

算体系的多年研究，纳皮尔在 1614 年出版了《奇妙的对数定律说明书》，书中用几何术语阐述了对数方法。

　　将对数加以改造使之广泛流传的是纳皮尔的朋友布里格斯（1561—1631）。他通过研究《奇妙的对数定律说明书》，感到其中的对数用起来很不方便，于是与纳皮尔商定，使 1 的对数为 0，10 的对数为 1，这样就得到了现在所用的以 10 为底的常用对数。由于我们的数系是十进制，因此它在数值上计算具有优越性。1624 年，布里格斯出版了《对数算术》，公布了以 10 为底包含 1～20000 及 90000～100000 的 14 位常用对数表。

　　根据对数运算原理，人们还发明了对数计算尺。300 多年来，对数计算尺一直是科学工作者，特别是工程技术人员必备的计算工具，直到 20 世纪 70 年代才让位给电子计算器。尽管作为一种计算工具，对数计算尺、对数表都不再重要了，但是，对数的思想方法却仍然具有生命力。

知识小链接

计算尺

　　计算尺，通常指对数计算尺。它是一个模拟计算机，通常由三个互相锁定的有刻度的长条和一个滑动窗口（称为游标）组成。在 20 世纪 70 年代之前使用广泛，之后被电子计算器所取代，成为过时技术。

　　从对数的发明过程我们可以发现，纳皮尔在讨论对数概念时，并没有使用指数与对数的互逆关系，造成这种状况的主要原因是当时还没有明确的指数概念，就连指数符号也是在 20 多年后的 1637 年才由法国数学家笛卡儿（1596—1650）开始使用。直到 18 世纪，才由瑞士数学家欧拉发现了指数与对数的互逆关系。在 1770 年出版的一部著作中，欧拉首先使用 $y = a^x$ 来定义 $x = \log_a y$，他指出，"对数源于指数"。对数的发明先于指数。

　　从对数的发明过程可以看到，社会生产、科学技术的需要是数学发展的主要动力。建立对数与指数之间的联系的过程表明，使用较好的符号体系对

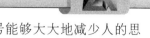

于数学的发展是至关重要的。实际上，好的数学符号能够大大地减少人的思维负担。数学家们对数学符号体系的发展与完善做出了长期而艰苦的努力。

◎ 自然对数

以常数 e 为底数的对数叫自然对数，记作 $\ln N$（$N>0$）。它的含义是单位时间内，持续的翻倍增长所能达到的极限值。

自然对数的底数 e 是由一个重要极限给出的。我们定义：当 x 趋于无限时，$\lim (1+\dfrac{1}{x})^x = e$。$e$ 是一个无限不循环小数，其值约等于 2.718281828…，它是一个超越数。

◎ 自然对数的历史

e 在科学技术中用得非常多，一般不使用以 10 为底数的对数。以 e 为底数，许多式子都能得到简化，用它是最自然的，所以叫"自然对数"。

我们可以从自然对数最早是怎么来的来说明其有多自然。以前人们做乘法就用乘法，很麻烦，发明了对数这个工具后，乘法可以化成加法，即：$\log (ab) = \log a + \log b$。

但是能够这么做的前提是，我们要有一张对数表，能够知道 $\log a$ 和 $\log b$ 是多少，然后求和，能够知道 log 多少等于这个和。虽然编对数表很麻烦，但是编好了就是一劳永逸的事情，因此有个大数学家开始编对数表。但他遇到了一个麻烦，就是这个对数表取多少作为底数最合适？10 吗？还是 2？为了决定这个底数，他做了如下考虑：

1. 所有乘数和被乘数都可以化到 0～1 的数乘以一个 10 的几次方，这个用科学记数法就行了。

2. 那么现在只考虑做一个 0～1 的数的对数表了，那么我们自然用一个 0～1 之间的数作底数（如果用大于 1 的数作底数，那么取完对数就是负数）。

3. 这个 0～1 的底数不能太小，比如 0.1 就太小了，这会导致很多数的对数都是零点几；而且"相差很大的两个数的对数值却相差很小"，比如 0.1 作底数时，两个数相差 10 倍时，对数值才相差 1. 换句话说，像 0.5 和 0.55 这种相差不大的数，如果用 0.1 作底数，那么必须把对数表做到精确到小数点以后很多位才能看出他们对数的差别。

4. 为了避免这种缺点，底数一定要接近于 1，比如 0.99 就很好，0.9999 就更好了。总的来说就是 $1-\dfrac{1}{x}$，X 越大越好。在选了一个足够大的 X（X 越大，对数表越精确，但是算出这个对数表就越复杂）后，你就可以算

$$(1-\frac{1}{x})^1 = P1,$$

$$(1-\frac{1}{x})^2 = P2, \qquad \cdots\cdots$$

那么对数表上就可以写上 $P1$ 的对数值是 1，$P2$ 的对数值是 2……（以 $1-\dfrac{1}{x}$ 作为底数）。而且如果 X 很大，那么 $P1$，$P2$，$P3$……都靠得很紧，基本可以满足均匀地覆盖了 0.1～1 的区间。

5. 最后他再调整了一下，用 $(1-\dfrac{1}{x})^X$ 作为底，这样 $P1$ 的对数值就是 $\dfrac{1}{x}$，$P2$ 的对数值就是 $\dfrac{2}{x}$，……PX 的对数值就是 1，这样不至于让一些对数值变得太大，比如若 $X=10000$，有些数的对数值就要到几万，这样调整之后，各个数的对数值基本在 0～1。两个值之间最小的差为 $\dfrac{1}{x}$。

6. 现在让对数表更精确，那么 X 就要更大，数学家算了很多次，1000，10000，10000，最后他发现，X 变大时，这个底数 $(1-\dfrac{1}{x})^X$ 趋近于一个值。这个值就是 $\dfrac{1}{e}$，自然对数底的倒数（虽然那个时候还没有给它取名字）。其实如果我们第一步不是把所有值放缩到 0.1～1，而是放缩到 1～10，那么同样的讨论，最后出来的结果就是 e 了——这个大数学家就是著名的欧拉，自然对数的名字 e 也就来源于欧拉的姓名。

当然后来数学家对这个数做了无数研究，发现其各种神奇之处，出现在

对数表中并非偶然，而是相当自然或必然的。因此就叫它自然对数底了。

e 和自然律

◎ 螺线

涡形或螺线形是自然事物极为普遍的存在形式，比如：一缕袅袅升上蓝天的炊烟，一朵碧湖中轻轻荡开的涟漪，数只缓缓攀缓在篱笆上的蜗牛和无数在恬静的夜空携拥着旋舞的繁星……螺线表达自然律。螺线特别是对数螺线的美学意义可以用指数的形式来表达：$\varphi k\rho = \alpha e$。

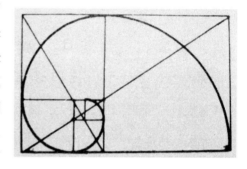

螺 线

其中，α 和 k 为常数，φ 是极角，ρ 是极径，e 是自然对数底。为了讨论方便，我们把 e 或由 e 经过一定变换和复合的形式定义为"自然律"。因此，"自然律"的核心是 e，其值为 2.71828……，是一个无限不循环数。

◎ 自然律之美

自然律是 e 及由 e 经过一定变换和复合的形式。e 是自然律的精髓，在数学上它是函数：$(1+\dfrac{1}{x})^{x}$ 当 X 趋近无穷时的极限。人们在研究一些实际问题，如物体的冷却、细胞的繁殖、放射性元素的衰变时，都要研究 $(1+\dfrac{1}{x})^{x}$，当 X 趋近无穷时的极限。正是这种从无限变化中获得的有限，从两个相反方向发展（当 X 趋向正无穷大时，上式的极限等于 $e = 2.71828\cdots\cdots$。当 X 趋向负无穷大时，上式的结果也等于 $e = 2.71828\cdots\cdots$）得来的共同形式，充分体现了宇宙的形成、发展及衰亡的最本质的东西。

◎ 自然律的渊源和发展

1. 宇宙与生命

现代宇宙学表明，宇宙起源于"大爆炸"，而且目前还在膨胀，这种描述与 19 世纪后期的两个伟大发现之一的熵定律，即热力学第二定律相吻合。熵定律指出，物质的演化总是朝着消灭信息、瓦解秩序的方向，逐渐由复杂到简单、由高级到低级不断退化的过程。退化的极限就是无序的平衡，即熵最大的状态，一种无为的死寂状态。这个过程看起来像什么？只要我们看看天体照相中的旋涡星系的照片即不难理解。如果我们一定要找到亚里士多德所说的那种动力因，那么，可以把宇宙看成是由各个预先上紧的发条组织，或者干脆把整个宇宙看成是一个巨大的发条，历史不过是这种发条不断争取自由而放出能量的过程。

生命体的进化却与之有相反的特点，它与熵定律描述的熵趋于极大不同，它使生命物质能避免趋向与环境衰退。任何生命都是耗散结构系统，它之所以能免于趋近最大的熵的死亡状态，就是因为生命体能通过吃、喝、呼吸等新陈代谢的过程从环境中不断吸取负熵。新陈代谢中本质的东西，乃是使有机体成功地消除了当它自身活着的时候不得不产生的全部熵。

2. 自然律的价值

自然律一方面体现了自然系统朝着一片混乱方向不断瓦解的崩溃过程（如元素的衰变），另一方面又显示了生命系统只有通过一种有序化过程才能维持自身稳定和促进自身的发展（如细胞繁殖）的本质。正是具有这种把有序和无序、生机与死寂寓于同一形式的特点，自然律才在美学上有重要价值。

如果荒僻不毛、浩瀚无际的大漠是自然律无序死寂的熵增状态，那么广阔无垠、生机盎然的草原是自然律有序而欣欣向荣的动态稳定结构。因此，大漠使人感到肃穆、苍茫，令人沉思，让人回想起生命历程的种种困顿和坎坷；而草原则使人兴奋、雀跃，让人感到生命的欢乐和幸福。

3. 自然律的表达

$e = 2.71828\cdots\cdots$ 是自然律的一种量的表达。自然律的形象表达是螺线。螺线的数学表达式通常有下面五种：①对数螺线；②阿基米德螺线；③连锁螺线；④双曲螺线；⑤回旋螺线。对数螺线在自然界中最为普遍存在，其他螺线也与对数螺线有一定的关系，不过目前我们仍未找到螺线的通式。对数螺线是 1638 年经笛卡尔引进的，后来瑞士数学家伯努利曾详细研究过它，发现对数螺线的渐屈线和渐伸线仍是对数螺线，极点在对数螺线各点的切线仍是对数螺线等。伯努利对这些有趣的性质惊叹不止，竟留下遗嘱要将对数螺线画在自己的墓碑上。

4. 螺线的哲学

英国著名画家和艺术理论家荷迦兹深深地感到：旋涡形或螺线形逐渐地缩小到它们的中心，都是美的形状。事实上，我们也很容易在古今的艺术大师的作品中找到螺线。为什么我们的感觉、我们的眼睛经常能够本能地和直观地从这样一种螺线的形式中得到满足呢？这难道不意味着我们的精神，我们的"内在"世界同外在世界之间有一种比历史更原始的同构对应关系吗？

我们知道，作为生命现象的基础物质蛋白质，在生命物体内参与着生命过程的整个工作。它

阿基米德螺线

阿基米德螺线最初是由阿基米德的老师柯农（欧几里德的弟子）发现的。柯农死后，阿基米德继续研究，又发现许多重要性质，因而这种螺线就以阿基米德的名字命名了。

为解决用尼罗河水灌溉土地的难题，它发明了圆筒状的螺旋扬水器，后人称它为"阿基米德螺旋"。除了杠杆系统外，值得一提的还有举重滑轮、灌地机、扬水机以及军事上用的抛石机等。被称作"阿基米德螺旋"的扬水机至今仍在埃及等地使用。一些喷淋冷却塔所用的螺旋喷嘴喷出喷淋液的运动轨迹也为阿基米德螺线。

的功能所以这样复杂高效和奥秘无穷，是同其结构紧密相关的。化学家们发现蛋白质的多钛链主要是螺旋状的，决定遗传的物质——核酸结构也是螺旋

状的。

古希腊人有一种称为风鸣琴的乐器，当它的琴弦在风中振动时，能产生优美悦耳的声音。这种声音就是所谓的"涡流尾迹效应"。让人深思的是，人类经过漫长岁月进化而成的听觉器官的内耳结构也是涡旋状。这是为便于欣赏古希腊人的风鸣琴吗？还有我们的指纹、发旋等，这种审美主体的生理结构与外在世界的同构对应，也就是"内在"与"外在"和谐的自然基础。

有人说数学美是"一"的光辉，它具有尽可能多的变换群作用下的不变性，也是拥有自然普通规律的表现，是"多"与"一"的统一，那么"自然律"也同样闪烁着"一"的光辉。谁能说清 $e = 2.71828\cdots$ 给数学家带来多少方便和成功？人们赞扬直线的刚劲、明朗和坦率，欣赏曲线的优美、变化与含蓄，殊不知任何直线和曲线都可以从螺线中取出足够的部分来组成。有人说美是主体和客体的统一，是内在精神世界同外在物质世界的统一，那么自然律也同样有这种统一。社会、自然的历史遵循着这种辩证发展规律，是什么给予这种形式以生动形象的表达呢？螺线！

5. 自然律的哲学

有人说美在于事物的节奏，自然律也具有这种节奏；有人说美是动态的平衡、变化中的永恒，那么自然律也同样是动态的平衡、变化中的永恒；有人说美在于事物的动力结构，那么自然律也同样具有这种结构——如表的游丝、机械中的弹簧等。

自然律是形式因与动力因的统一，是事物的形象显现，也是具象和抽象的共同表达。有限的生命植根于无限的自然之中，生命的脉搏无不按照宇宙的旋律自觉地调整着运动和节奏……有机的和无机的，内在的和外在的，社会的和自然的，一切都合而为一。这就是自然律揭示的全部美学奥秘吗？不！自然律永远具有不能穷尽的美学内涵，因为它象征着广袤深邃的大自然。正因为如此，它才吸引并且值得人们进行不懈的探索，从而显示人类不断进化的本质力量。

👁 质数的猜想

◎ 质数的概念

只有 1 和它本身两个约数的自然数，叫质数。（如：由 $2 \div 1 = 2$，$2 \div 2 = 1$，可知 2 的约数只有 1 和它本身 2 这两个约数，所以 2 就是质数。与之相对立的是合数："除了 1 和它本身两个约数外，还有其他约数的数，叫合数。"如：$4 \div 1 = 4$，$4 \div 2 = 2$，$4 \div 4 = 1$，很显然，4 的约数除了 1 和它本身 4 这两个约数以外，还有约数 2，所以 4 是合数）

100 以内的质数有 2，3，5，7，11，13，17，19，23，29，31，37，41，43，47，53，59，61，67，71，73，79，83，89，97，在 100 内共有 25 个质数。1 既不是质数也不是合数。因为它的约数有且只有 1 这一个约数。

质数的无穷性的证明

质数的个数是无穷的。最经典的证明由欧几里得证得，在他的《几何原本》中就有记载。它使用了现在证明常用的方法：反证法。具体的证明如下：

● 假设质数只有有限的 n 个，从小到大依次排列为 $p1$，$p2$，…，pn，设 $N = p1 \times p2 \times \cdots \times pn$，那么，$N+1$ 是质数或者不是质数。

● 如果 $N+1$ 为质数，则 $N+1$ 要大于 $p1$，$p2$，…，pn，所以它不在那些假设的质数集合中。

● 如果 $N+1$ 为合数，因为任何一个合数都可以分解为几个质数的积；而 N 和 $N+1$ 的最大公约数是 1，所以 $N+1$ 不可能被 $p1$，$p2$，…，pn 整除，所以该合数分解得到的质因数肯定不在假设的质数集合中。

● 因此无论该数是质数还是合数，都意味着在假设的有限个质数之外存在着其他质数。

● 对任何有限个质数的集合来说，用上述的方法永远可以得到有一个质数不在假设的质数集合中的结论。

● 所以原先的假设不成立。也就是说，质数有无穷多个。

其他数学家也给出了他们自己的证明。欧拉利用黎曼函数证明了全部质数的倒数之和是发散的；Hillel Furstenberg 则用拓扑学加以了证明。

◎ 质数的相关定理

质数定理

质数定理描述质数的大致分布情况。质数的出现规律一直困惑着数学家。一个个地看，质数在正整数中的出现没有什么规律。可是总体来看，质数的个数竟然有规律可循。对正实数 x，定义 $\pi(x)$ 为不大于 x 的质数个数。数学家找到了一些函数来估计 $\pi(x)$ 的增长。以下是第一个这样的估计。

$\pi(x) \approx \dfrac{x}{\ln x}$ 其中 $\ln x$ 为 x 的自然对数。上式的意思是当 x 趋近 ∞，$\pi(x)$ 和 $\dfrac{x}{\ln x}$ 的比趋近 1（注：该结果为高斯所发现）。但这不表示它们的数值随着 x 增大而接近。

质数定理可以给出第 n 个质数 $p(n)$ 的渐近估计：$p(n) \sim \dfrac{n}{\ln n}$。它也给出从整数中抽到质数的概率。从不大于 n 的自然数随机选一个，它是质数的概率大约是 $\dfrac{1}{\ln n}$。这个定理的式子于 1798 年法国数学家勒让德提出。1896 年法国数学家哈达玛和比利时数学家普森先后独立给出证明。证明用到了复分析，尤其是黎曼 ζ 函数。因为黎曼 ζ 函数与 $\pi(x)$ 关系密切，关于黎曼 ζ 函数的黎曼猜想对数论很重要。一旦猜想获证，便能大大地改进质数定理误差的估计。1901 年，瑞典数学家 Helge von Koch 证明出，假设黎曼猜想成立，以上关系式误差项的估计可改进为：$\pi(x) = Li(x) + O(x^{\frac{1}{2}\ln x})$ 至于大 O 项的常数则还未知。

质数定理有些初等证明只须用数论的方法。第一个初等证明于 1949 年由匈牙利数学家艾狄胥和挪威数学家阿特利·西尔伯格合作得出。在此之前一些数学家不相信能找出不须借助艰深数学的初等证明。像英国数学家哈代便说过质数定理必须以复分析证明，显出定理结果的深度。他认为只用到实数不足以解决某些问题，必须引进复数来解决。而质数定理的初等证明动摇了这一论调。艾狄胥的证明正好表示，看似初等的组合数学，功能也可以很大。但是，有必要指出的是，虽然该初等证明只用到初等的办法，其难度甚至要比用到复分析的证明更为困难。

算术基本定理

任何一个大于 1 的自然数 N，都可以唯一分解成有限个质数的乘积 $N=(P\_1^{a1}) \times (P\_2^{a2}) \cdots\cdots (P\_n^{an})$，这里 $P\_1 < P\_2 < \cdots < P\_n$ 是质数，其诸方幂 ai 是正整数。这样的分解称为 N 的标准分解式。

算术基本定理的内容由两部分构成：分解的存在性、分解的唯一性（若不考虑排列的顺序，正整数分解为质数乘积的方式是唯一的）。

算术基本定理是初等数论中一个基本的定理，也是许多其他定理的逻辑支撑点和出发点。

此定理可推广至很多的交换代数和代数数论。高斯证明复整数环 $Z[i]$ 也有唯一分解定理。它也诱导了诸如唯一分解整环，欧几里得整环等概念。除此之外还有戴德金理想分解定理。

质数等差数列

等差数列是数列的一种。在等差数列中，任何相邻两项的差相等。该差值称为公差。类似 7、37、67、97、107、137、167、197。这样由质数组成的数列叫作等差质数数列。2004 年，格林和陶哲轩证明存在任意长的质数等差数列。2004 年 4 月，两人宣布：他们证明了"存在任意长度的质数等差数列"，也就是说，对于任意值 K，存在 K 个成等差级数的质数。例如 $K=3$，有质数序列 3，5，7（每两个差 2）… $K=10$，有质数序列 199，409，619，829，1039，1249，1459，1669，1879，2089（每两个差 210）。

◎ 质数证明中的著名猜想

哥德巴赫猜想

在 1742 年给欧拉的信中哥德巴赫提出了以下猜想：任一大于 2 的整数都可写成三个质数之和。因现今数学界已经不使用"1 也是质数"这个约定，原初猜想的现代陈述为：任一大于 5 的整数都可写成三个质数之和。欧拉在回信中也提出另一等价版本，即任一大于 2 的偶数都可写成两个质数之和。今日常见的猜想陈述为欧拉的版本。把命题"任一充分大的偶数都可以表示成为一个质因子个数不超过 a 个的数与另一个质因子不超过 b 个的数之和"记作"$a+b$"。1966 年，陈景润证明了"$1+2$"成立，即"任一充分大的偶数都可以表示成二个质数的和，或是一个质数和一个半质数的和"。

今日常见的猜想陈述为欧拉的版本，即任一大于 2 的偶数都可写成两个质数之和，亦称为"强哥德巴赫猜想"或"关于偶数的哥德巴赫猜想"。

从关于偶数的哥德巴赫猜想，可推出任一大于 7 的奇数都可写成三个质数之和的猜想。后者称为"弱哥德巴赫猜想"或"关于奇数的哥德巴赫猜想"。

若关于偶数的哥德巴赫猜想是对的，则关于奇数的哥德巴赫猜想也会是对的。若哥德巴赫猜想尚未完全解决，但 1937 年时前苏联数学家维诺格拉多夫已经证明充分大的奇质数都能写成三个质数的和，也称为"哥德巴赫－维诺格拉朵夫定理"或"三质数定理"，数学家认为弱哥德巴赫猜想已基本解决。

黎曼猜想

黎曼猜想是关于黎曼 ζ 函数 $\zeta(s)$ 的零点分布的猜想，由数学家黎曼（1826—1866）于 1859 年提出。德国数学家希尔伯特列出 23 个数学问题。其中第 8 个问题中便有黎曼假设。质数在自然数中的分布并没有简单的规律。黎曼发现质数出现的频率与黎曼 ζ 函数紧密相关。黎曼猜想提出：黎曼 ζ 函数 $\zeta(s)$ 非平凡零点（在此情况下是指 s 不为 -2、-4、-6 等点的值）的实数

部分是 $\frac{1}{2}$。即所有非平凡零点都应该位于直线 $\frac{1}{2}+ti$（"临界线"）上。t 为一实数，而 i 为虚数的基本单位。至今尚无人给出一个令人信服的关于黎曼猜想的合理证明。

在黎曼猜想的研究中，数学家们把复平面上 $Re\ (s)=\frac{1}{2}$ 的直线称为 critical line。运用这一术语，黎曼猜想也可以表述为：黎曼 ζ 函数的所有非平凡零点都位于 critical line 上。

黎曼猜想是黎曼在 1859 年提出的。在证明质数定理的过程中，黎曼提出了一个论断：Zeta 函数的零点都在直线 $Res\ (s)=\frac{1}{2}$ 上。他在作了一番努力而未能证明后便放弃了，因为这对他证明质数定理影响不大。但这一问题至今仍然未能解决，甚至于比此猜想简单的猜想也未能获证。而函数论和解析数论中的很多问题都依赖于黎曼猜想。在代数数论中的广义黎曼猜想更是影响深远。若能证明黎曼猜想，则可带动许多问题的解决。

孪生质数猜想

1849 年，波林那克提出孪生质数猜想，即猜测存在无穷多对孪生质数。

猜想中的孪生质数是指一对质数，它们之间相差 2。例如 3 和 5，5 和 7，11 和 13，10016957 和 10016959 等都是孪生质数。

费马数 $2^{2^n}+1$

被称为"17 世纪最伟大的法国数学家"的费马，也研究过质数的性质。他发现，设 $Fn=2^{2^n}+1$，则当 n 分别等于 0、1、2、3、4 时，Fn 分别给出 3、5、17、257、65537，都是质数。由于 F5 太大（$F5=4294967297$），他没有再往下检测就直接猜测：对于一切自然数，Fn 都是质数。这便是费马数。费马死后的第 67 年，25 岁的瑞士数学家欧拉证明：F5 是一个合数。

以后的 Fn 值，数学家再也没有找到哪个 Fn 值是质数，全部都是合数。目前由于平方开得较大，因而能够证明的也很少。现在数学家们取得 Fn 的最大值为：$n=1495$，其位数多达 10^{10584} 位，当然它尽管非常之大，但也不是个质数。

梅森质数

17世纪还有位法国数学家叫梅森，他曾经做过一个猜想：当 2^p-1 中的 p 是质数时，2^p-1 是质数。他验算出了：当 $p=2$、3、5、7、17、19时，所得代数式的值都是质数，后来，欧拉证明 $p=31$ 时，2^p-1 是质数。$p=2$，3，5，7时，2^p-1 都是质数，但 $p=11$ 时，所得 $2047=23\times89$ 却不是质数。

梅森去世的第250年，美国数学家科勒证明，$2^{67}-1=193707721\times761838257287$，是一个合数。这是第九个梅森数。20世纪，人们先后证明：第10个梅森数是质数，第

梅 森

11个梅森数是合数。质数排列得杂乱无章，也给人们寻找质数规律造成了困难。

目前最大的已知质数是梅森质数 $2^{43112609}-1$（此数字位长度是 12978189，它是在2008年8月23日由GIMPS发现。迄今为止，人类仅发现47个梅森质数。由于这种质数珍奇而迷人，它被人们称为"数学珍宝"。

人们在寻找梅森质数的同时，对它的重要性质和分布规律的研究也一直在进行着。从已发现的梅森质数来看，它在正整数中的分布时疏时密、极不规则，因此研究梅森质数的分布规律似乎比寻找新的梅森质数更为困难。英、法、德、美等国的数学家都曾经分别给出过有关梅森质数分布的猜测，但他们的猜测都以近似表达式给出，而与实际情况的接近程度均难如人意。

中国数学家和语言学家周海中是这方面研究的领先者——他运用联系观察法和不完全归纳法，于1992年2月首次给出了梅森质数分布的精确表达式；后来他的猜测被国际上命名为"周氏猜测"。著名的《科学》杂志有一篇

周海中

文章指出：这项成果是质数研究的一项重大突破。著名的数论大师、菲尔茨奖和沃尔夫奖得主阿特勒·塞尔伯格认为：周氏猜测具有创新性，开创了富于启发性的新方法；其创新性还表现在揭示新的规律上。

质数的应用

质数近年来被利用在密码学上，所谓的公钥就是将想要传递的信息在编码时加入质数，编码之后传送给收信人，任何人收到此信息后，若没有此收信人所拥有的密钥，则解密的过程中（实为寻找质数的过程），将会因为找质数的过程（分解质数因数）过久，使即使取得信息也会无意义。

在汽车变速箱齿轮的设计上，相邻的两个大小齿轮齿数最好设计成质数，以增加两齿轮内两个相同的齿相遇啮合次数的最小公倍数，可增强耐用度，减少故障。

在害虫的生物生长周期与杀虫剂使用之间的关系上，杀虫剂的质数次数的使用也得到了证明。实验表明，质数次数地使用杀虫剂是最合理的：都是使用在害虫繁殖的高潮期，而且害虫很难产生抗药性。

以质数形式无规律变化的导弹和鱼雷可以使敌人不易拦截。

地图四色定理

相传，地图四色问题是一名英国绘图员提出来的，此人叫格思里。1852年，他在绘制英国地图时，发现如果给相邻地区涂上不同颜色，那么只要四种颜色就足够了。需要注意的是，任何两个国家之间如果有边界，那么其边界不能只是一个点，否则四种颜色就可能不够。格思里把这个猜想告诉了正在念大学的弟弟。他的弟弟认真思考了这个问题，结果既不能证明，也没有找到反例，于是向自己的老师、著名数学家德·摩根请教。德·摩根解释不清，当天就写信告诉自己的同行、天才的哈密顿。可是，直到哈密顿 1865 年逝世为止，也没有解决这个问题。

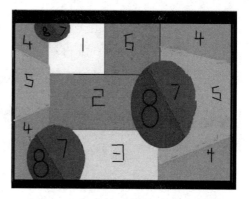

四色定理

◎ 问题的证明一波三折

1878 年，凯莱正式向伦敦数学会提出了这个问题。凯莱可是当时英国响当当的数学家，他看中的问题必定不同凡响。消息传到了律师肯普的耳朵里，引起了他的极大兴趣。不到一年，肯普就提交了一篇论文，声称证明了四色问题。人们以为事情到此就已经完结了。谁知到 1890 年，希伍德在肯普的文章中找到一处不可饶恕的错误。

凯　莱

不过，让数学家感到欣慰的是，希伍德没有彻底否定肯普论文的价值，运用肯普发明的方法，希伍德证明了较弱的五色定理。这等于打了肯普一记闷棍，又将其表扬一番，总的来说是贬大于褒。追根究底是数学家的本性。一方面，五种颜色已足够；另一方面，确实有例子表明三种颜色不够。那么四种颜色到底够不够呢？这就像一个淘金者，明明知道某处有许多金矿，结果却只挖出一块银子，你说他愿意就这样回去吗？

接下去的研究就得由闵可夫斯基来做。他虽然没有成功，但也为此做出了很大的贡献。要知道，19世纪末20世纪初，德国哥廷根大学能成为世界数学中心，就是由于他和希尔伯特、克莱因"三巨头"的努力。

◎ 令闵可夫斯基尴尬的一堂课

19世纪末，德国有位天才的数学教授叫闵可夫斯基，他曾是爱因斯坦的老师。爱因斯坦因为经常不去听课，便被他骂作"懒虫"。万万没想到，就是这个"懒虫"后来创立了著名的狭义相对论和广义相对论。闵可夫斯基受到很大震动，他把相对论中的时间和空间统一成"四维时空"，这是近代物理发展史上的关键一步。

在闵可夫斯基的一生中，把爱因斯坦骂作"懒虫"恐怕还算不上是最尴尬

闵可夫斯基

的事……一天，闵可夫斯基刚走进教室，一名学生就递给他一张纸条，上面写着："如果把地图上有共同边界的国家涂成不同颜色，那么只需要四种颜色就足够了，您能解释其中的道理吗？"闵可夫斯基微微一笑，对学生们说："这个问题叫四色问题，是一个著名的数学难题。其实，它之所以一直没有得到解决，仅仅是由于没有第一流的数学家来解决它。"为证明纸条上写的不是一道大餐，只是小菜一碟，闵可夫斯基决定当堂掌勺，问题就会变成定理……下课铃响了，可"菜"还是生的。一连好几天，他都挂了黑板。后来有一天，闵可夫斯基走进教室时，忽然雷声大作，他借此自嘲道："哎，我解决不了这个问题。"

◎ 缓慢的进展

当时，由大数学家黎曼、康托尔、庞加莱等创立的拓扑学的发展可谓一日千里，后来竟盖过大数学家高斯宠爱的数论，成为数学女王。四色问题就是属于拓扑学范畴的一个大问题。拓扑学不仅引进了全新的研究对象，也引进了全新的研究方式。对数学来说，它可算是一场革命。回顾拓扑学的历史，就可以说明为什么四色问题对于 20 世纪数学来说是重要的。通俗地说，连续变换就是你可以捏、拉一个东西，但不能将其扯破，也不能把原先不在一起的两个点粘在一起。比如，对于 26 个（大写）英文字母，一些拓扑学家就认为可将其分成 3 类：

第一类：A, D, O, P, Q, R；

第二类：B；

第三类：C, E, F, G, H, I, J, K, L, M, N, S, T, U, V, W, X, Y, Z。

第一类在连续变换下都可以变成 O，第三类则都可变成 I。

因为 4 是平面的色数，体现了平面的拓扑性质，与国家的形状无关，将平面弯成曲面也没关系。数学家必须确定这个数究竟是 5 还是 4，这很重要。如果国家分布在一个环面上，画地图最多得要七种颜色。

吊起数学家胃口的还有一个原因。乍一看，环面似乎更复杂，事实上，环面的七色定理却比较容易证明，希伍德当时就做到了；到 1968 年，其他所有复杂曲面的色数均已确定，唯有平面（或球面）的四色问题依然没有解读。看来，平面没有人们想象的那么简单。

1913 年，伯克霍夫引进了一些新的技巧，导致 1939 年富兰克林证明 22 国以下的地图都可以用四色着色。1950 年，温恩将 22 国提高为 35。1968 年，奥尔又达到了 39 国。1975 年有报道，52 国以下的地图用四色足够。可见，其进展极其缓慢。

◎ 计算机帮助人们圆梦

不过，情况也不是过分悲观。数学家希奇早在 1936 年就认为，讨论的情况是有限的，不过非常之大，大到可能有 10000 种。对于巨大而有限的数，最好由谁去对付？今天的人都明白，计算机！

从 1950 年起，希奇就与他的学生丢莱研究怎样用计算机去验证各种类型的图形。这时计算机才刚刚发明，两人的思想可谓十分超前。

你知道吗

邮 戳

作为邮政部门为实施作业程序，并表明对某项邮政业务的处理方式、方法的结果要留下一个印记为凭证而采用的一种盖印记的工具，即戳具，在邮政部门内部口语中称之为邮戳，全称邮政日戳。它的上面一般标明邮件寄出收到的时间地点，邮政日戳独具时间管理功能，是邮件传递时间和时限的查询依据，也是研究邮政发展和集邮收藏的重要项目。

1972 年起，黑肯与阿佩尔开始对希奇的方法作重要改进。到 1976 年，他们认为问题已经压缩到可以用计算机证明的地步了。于是从 1977 年 1 月份起，他们就在伊利诺伊大学的 IBM360 机上分 1482 种情况检查，历时 1200 个小时，作了 100 亿个判断，最终证明了四色定理。在当地的信封上盖"Four colorssutfice"（四色足够了）的邮戳，就是他们想到的一种传播这一惊人消息的别致的方法。

人类破天荒地第一次运用计算机证明著名数学猜想，应该说是十分轰动的。赞赏者有之，怀疑者也不少，因为准确性一时不能肯定。后来，也的确有人指出其错误。1989 年，黑肯与阿佩尔发表文章，宣称错误已被修改。1998 年，托马斯简化了黑肯与阿佩尔的计算程序，但仍依赖于计算机。无论如何，四色问题的计算机解决，给数学研究带来了许多重要的新思维。

◎ 四色的局限性

虽然四色定理证明了任何地图可以只用四个颜色着色，但是这个结论对于现实上的应用却相当有限。现实中的地图常会出现飞地，即两个不连通的区域属于同一个国家的情况（例如美国的阿拉斯加州），而制作地图时我们仍会要求这两个区域被涂上同样的颜色，在这种情况下，四个颜色将会是不够用的。

➡ 手指是最原始的计算机

用手指帮助记忆的方法如下：

将两手摊平放在桌上，每根手指依序各代表1个数字，由左至右第1个手指代表1，第2个手指代表2，第3个手指代表3，依此类推，第10个手指当然代表10。接下来1～10都必须乘以9才行，这时手不要移动，只须把要乘的数字所代表的指头往上跷即可。那么，所跷起的指头左侧的手指数目代表十位数，而右侧的手指数目则表示个位数。

例如 7×9 时，把第7个手指（由左至右）跷起，便可发现左侧有6个手指，右侧有3个，所以 $7 \times 9 = 63$。

起初听到这种机械化的方法，觉得非常奇妙，但只要依据九九乘法表，就能揭开它的谜底。

$1 \times 9 = 9$	$2 \times 9 = 18$	$3 \times 9 = 27$	$4 \times 9 = 36$
$5 \times 9 = 45$	$6 \times 9 = 54$	$7 \times 9 = 63$	$8 \times 9 = 72$
$9 \times 9 = 81$	$10 \times 9 = 90$		

记 忆

记忆是人类心智活动的一种，属于心理学或脑部科学的范畴。记忆代表着一个人对过去活动、感受、经验的印象累积，有相当多种分类，主要因环境、时间和知觉来分。

在这表里，积的十位数字规则地加 1，按 0，1，2，3…8，9 的顺序排列，而个位数却恰好相反，有规则地减 1，按 9，8，7…1，0 的顺序排列，同时个位数字与十位数字的和都是 9，所以只要跷起对应的手指，就能获得答案，可说人的手指是最原始的计算机。

心算 速算

不用计算器，也不用纸和笔，只要用脑子想一想，就能算出比较复杂的算题，这叫心算。

心算有两种，一种对任何数都行，计算的方法和笔算基本相同，但它是从前往后算的。

例如：$1985 \times 1986 = ?$

```
        1 9 8 5
  ×     1 9 8 6
      1 9 8 5
    1 7 8 6 5
    1 5 8 8 0
    1 1 9 1 0
  3 9 4 2 2 1 0
```

长于这种心算法的人，一看到上面的题目，就把 1 9 8 5 乘以 1、9、8、6 四个积数计算好了，排列好了，很快地从前向后加起来，加的时候，不仅把本位的得数加好，同时将后面要进位的数也加在一起了。最后，就得到总的积数了。

　　长于这种心算法的人，能很快地算出十几位数的乘、除法，乘方，开方等。

　　这种本领，不是无师自通的，而必须通过艰苦学习，长期自我训练，才能获得。

　　我国数学家褚凤仪曾写过两大本《速算》，讲的就是这种心算法。现在，我国心算家史丰收等，用的基本上也是这种心算法。

　　另一类心算法要凭借一点机智，能够发现题目里的一些条件，很快地算出来。商店的营业员常有这种本领。

　　例如糯米 1 角 9 分 7 厘 500 克，有个顾客买了 12 千克，该付多少钱呢？有的营业员很快就可以得出答数：4 元 7 角 2 分 8 厘，或者，四舍五入，收你 4 元 7 角 3 分。

　　他为什么算得这样快呢？

　　原来，他把糯米一斤价算成 2 角，12 千克当然很快就可以算出是 4 元 8 角了。可是每 500 克糯米多算了 3 厘钱，12 千克就多算了 7 分 2 厘钱，必须扣除，这只要从 8 角里拿出 1 角来，减去 7 分 2 厘，得 2 分 8 厘，凑在一起就是 4 元 7 角 2 分 8 厘了。

基本小知识

速　算

　　速算是指利用数与数之间的特殊关系进行较快的加、减、乘、除运算。这种运算方法称为速算法、心算法。

　　伟大的科学家爱因斯坦（1879—1955）也长于这种速算法。有一次，他生病了，一个朋友去看他。他要求朋友出一个算术题目做做。那个朋友出的题目是：

$$2976 \times 2924 = ?$$

爱因斯坦马上回答："8701824"。

他的朋友吃惊地问："你怎么算得这样快呢?"

爱因斯坦说："我们都知道,十位数相同,个位数的和等于 10 的两个两位数相乘,有个很快的计算方法。"例如 83×87,只要把一个 8 加 1,再乘 8,得 72,放在前面,再将 3×7,得 21,放在后面,联结起来,就得 7221 了。

"你出的题目也一样,两个数前面两位都是 29,后面两位加起来正好是 100,这也可以照此办理。前面的部分是——"

说着,爱因斯坦用铅笔写了一个式子:

$(29+1) \times 29 = 870$

"后面部分是——"

76×24

$= (50+26) \times (50-26)$

$= 50^2 - 26^2$

$= 1824$

"凑起来,答案就是 8701824 了。"

知识小链接

爱因斯坦

爱因斯坦,理论物理学家,相对论的创立者,现代物理学的奠基人。1921 年爱因斯坦获诺贝尔物理学奖,1999 年被美国《时代周刊》评选为"世纪伟人"。

计算时间

利用太阳、月亮和星星,不仅可以辨别方向,还可以计算时间。

东方破晓,太阳出来了,我们都知道是早上,该吃早饭,上学了。等到太阳升得老高，但还没有升到"天顶"，这就是上午。到太阳升到"天顶"，就叫正午。太阳偏西，是下午。太阳落山，是傍晚。

有这么一张画：下面是一只小船，上面是三个太阳。

这是什么意思呢？

这就是表示：坐了三天船。

太阳升落一次，就是一天，所以一天又叫一日。日，是人们认识时间的基础。向上，将日积累为月、年、世纪；向下，将日分为时、分、秒。

为了记载日数，原始人曾经用刀在树上刻记号，过一天刻上一道。

可是随着生产的发展，要求精确地计算时间了，这就得依靠工具测定。

最简单的工具就是一根竿子，竖在平地上，观察它的影子。这叫"立竿见影"。

早上，太阳在东方，在竿子西边描下一条长长的影子。随着时间的流逝，影子渐渐地短了，到最短的时候，就是正午。以后，太阳偏西，影子向东，逐渐加长。

如果，把影子分成几段，就可以规定出时间。例如，日影移动一寸，所经过的时间就叫"一寸光阴"。

另外，在我国北方，太阳总是偏南，特别是冬天偏得厉害。这样，影子不但有长短的差别，还有角度的差别。因此，根据太阳影子的角度，也可以计算时间。日晷（guǐ）就是这样的测时器。现在在北京的故宫里，还可以看到这种日晷。日晷面正中立着一根铁针，随着太阳转动，可以看出铁针影子指着什么时候。

我国古代，把一天分为十二时：子、丑、寅、卯、辰、巳、午、未、申、酉、戌、亥。子是半夜，午是正午，卯是清早，酉是黄昏。

现在一天分为 24 小时，所以现在的一小时，相当于古代半个小时，小时下面还分成 60 分，分下还分成 60 秒。

另外用作角度单位的度，也是分成 60 分，分下面也是分成 60 秒的。

这也是一种进位制：六十进位制。

为什么不用十进位制呢?

原来分和秒不是用指头数起来的,而是从等分产生的。它要求 $\frac{1}{2}$、$\frac{1}{3}$、$\frac{1}{4}$、$\frac{1}{5}$、$\frac{1}{6}$ 等都能成为它的整倍数,而 $\frac{1}{60}$ 正好具有这个性质。所以,严格地说,应该叫六十退位制。

古代很多民族,都采用过这种六十退位制。如 4000 年前的巴比伦,以及稍后的我国和印度等。在计算时间和角度上,当时认为,它比十进位制方便。以后,在天文历法上长久为人们所习惯,所以一直沿用到今天。

◑ 天文与计数法

我国古代很早就发展了畜牧业和农业,因此,很重视历法,天文学非常发达。而天文学只有借助于数学才能发展,因此,我国很早就开始了数学的研究。

我国最早的一部数学著作《周髀(bǐ)算经》,是 2000 多年前成书的。它既是一部数学著作,也是一部天文学著作。它总结了古代劳动人民天文学和数学的成就。

我国古代曾经用干支记日。十干就是:甲、乙、丙、丁、戊、己、庚、辛、壬、癸。十二支就是前面已经说过的子、丑、寅、卯、辰、巳、午、未、申、酉、戌、亥。将十干和十二支依次循环组合,就得甲子、乙丑、丙寅、丁卯……直到壬戌、癸亥等六十个数(现在称六十甲子)。一个数代表一天,从甲子到癸亥,一共六十天,再从甲子开始,周而复始。

例如公元前 632 年 4 月 4 日,爆发了著名的"城濮之战",在《左传》上记载的是:"夏月己巳。"

干支不仅可以记时和日,也可以用来记月和年。

月,是从月亮来的。月亮,每晚有变化。不但月出、月落时间上有变化,月亮形状也有变化:圆了又缺,缺了又圆。这是古代人观察得到的。

从新月在天上出现，一天天过去了，月亮圆了又缺了，不见了，到下次新月又在天上出现，古代人根据刻的日子计算得到，一个月29天半。（现在知道：一个朔望月有29日12小时44分3秒，或29.53日。）为了使一个月的日子是整数，以后又规定大月30天，小月29天。

《诗经》上说："十月之交，朔日辛卯，日有食之，亦孔之丑。"

你知道吗

新 月

1. 农历每月初出的弯形的月亮。

2. 农历月逢十五日新满的月亮。

3. 朔日的月相。此时月在地球与太阳之间，其暗面正与地球相对，地球上不见月光，称为定朔。

根据我国天文学史家推算：公元前776年10月1日早上7点～9点发生过日食。这天正是辛卯日。这里的"朔"字是我国第一次使用的，意思是整晚见不到月亮。

计年的方法比记月的多。

如果开始计算的时候是收获季节，过了12个多月，地球绕太阳走了一圈，果子、谷物又成熟了，那就叫作一年。我国古代黄河流域的人和古代斯拉夫人都是这么计算的。

埃及的尼罗河每年7月开始泛滥，古代埃及人就将两次泛滥之间的日子称为一年。美洲印第安人计算年以初雪为标志，澳洲人则根据雨季计年。

我国黑龙江一带的居民，以吃大马哈鱼作为一年的标准。因为大马哈鱼每年定时由海里进入黑龙江。

这些计算年的方法当然都是很原始，很不精确的。

我们现在都知道，地球绕太阳一周，也就是一个太阳年，等于365天5小时48分46秒或365.242194天。如果根据月亮来算，一年12个月却只有354天或355天，平均差了10天21小时。

一年差10天多，如果过上两三年就不得了了，这对游牧民族和农业民族定季节就大大不利。于是每过两三年就增加1个月，叫作闰月，有闰月的年叫作闰年。闰年一年有384或385天。

我国早在 4000 年前的夏朝就开始制定历法，所以叫作夏历。在 3000 年前，就有十三月的名称了。到 2000 多年前，人们知道了一年等于 $12\frac{7}{19}$ 阴历的月，就采用"19 年 7 闰"的方法设置闰月。

夏历既根据月亮（太阴），也根据太阳，所以是阴阳历的一种。2000 多年前秦始皇的时候（公元前 246 年）就测得了一年平均是 $365\frac{1}{4}$ 天。它比阴历优越，只是平年和闰年，日数相差太大了。

现在世界通用的公历（阳历）也经过一个长期演变的过程。

拓展阅读

农历闰年

中国旧历农历作为阴阳历的一种，每月的天数依照月亏而定，一年的时间以 12 个月为基准，平年比一回归年少约 11 天。为了合上地球围绕太阳运行周期即回归年，每隔 2～4 年，增加一个月，增加的这个月为闰月。闰月加到哪个月，以农历历法规则推断，主要依照与农历的二十四节气相符合来确定。在加有闰月的那一年有 13 个月，历年长度为 384 或 385 日，这一年也称为闰年。

我们先看，公历每个月的日数是固定的："七前单大，八后双大。"也就是说：一、三、五、七、八、十、腊月（十二月）是 31 天，四、六、九、十一月是 30 天，只有二月，平年 28 天，闰年 29 天。

二月平年为什么只有 28 天？

原来，我们今天用的公历是从儒略历变来的。在公元前 46 年，罗马的统帅叫儒略·恺撒。据说他的生日在 7 月，为了表示他的伟大，于是他决定：将 7 月叫"儒略月"，连同所有单月都定为 31 天，双月定为 30 天，只有 2 月平年 29 天，闰年 30 天。因为 2 月是行刑的月份，所以减少 1 天。

恺撒的继承人叫奥古斯都，他的生日在 8 月。伟大人物生日的那个月只有 30 天怎么行？他决定将 8 月叫"奥古斯都月"，并且将 8、10、12 月都改为 31 天，9、11 月都改为 30 天。这一来不就多了一天吗？于是又从 2 月里拿出一天来，从此 2 月平年就只有 28 天，闰年只有 29 天了。

闰年为什么要多一天呢？

前面说过，地球绕太阳一周要 365 天 5 小时 48 分 46 秒。为了方便，一年算 365 天。那么，多出的 5 小时怎么办呢？

人们想，每隔 4 年，就差不多可以凑上 1 天了，于是四年一闰，在闰年 2 月加 1 天。现在，公历年数，凡是能被 4 整除的，如 1984、1988、1992、1996 年都定为闰年。

可是，问题还没有完，因为 4 年实际上只多了 23 小时 15 分 4 秒，还差 44 分 56 秒。这个差数积累 400 年，又少了 3 天。也就是说，每隔 400 年要少设 3 个闰年才行。

于是又规定：整百年的数必须能被 400 整除才算闰年，否则不算。例如 1600、2000、2400 年才算闰年，1700、1800、1900 年都不算闰年。

这样，每 400 年差的 3 天就扣出来了。

当然，还有一点点差距，但是那只要在 3000 年以后再调整就行了。

◉➤ 自然界中的数学天才

你注意过吗！鹰类从空中俯冲下来猎取地上的小动物时，常常采取一个最好的角度，一举成功。壁虎在捕捉昆虫时，总是沿着一条螺旋形曲线奔跑，这条曲线，数学上称为"螺旋线"。蜘蛛的"八卦"网，图案美丽、复杂，你用圆规、直尺都很难画得如此匀称准确。鼹鼠"瞎子"在地下挖隧道时，总是沿着 90° 转弯。这些动物堪称自然界中的数学天才。实际上，有"数学头脑"的动物，何止这些！蜜蜂是卓越的建筑师。工蜂造房的速度惊人，一个蜂房排列整齐，每个蜂房都是大小相等的六棱柱体，底面由三个全等菱形所拼成。每个菱形的锐角是 $70°32'$，每个钝角都是 $109°28'$，每个蜂房的容积几乎都是 0.25 立方厘米。这样的结构，用材最小而容积最大、强度最高，完全符合几何学原理和省工省料的原则。如此高超的建筑艺术，使数学家、建筑师和生物学家赞叹不止。

植物界的数学才能，也十分令人叹服。牵牛藤蔓一圈圈缠绕着向上生长，酷似数学上的螺旋线。葵花籽是按对数螺旋线排列的。

出于生存的需要，生物界中的动植物的运用各自的数学才能，形成了许多有趣的几何图形。科学家正在探索生物界各种各样的数学之谜，以揭示其中的奥妙，为人类造福。

你知道吗

鼹鼠

鼹鼠是一种哺乳动物。体矮胖，长10余厘米，毛黑褐色，嘴尖。前肢发达，脚掌向外翻，有利爪，适于掘土；后肢细小。眼小，隐藏在毛中。白天住在土穴中，夜晚出来捕食昆虫，也吃农作物的根。

墓碑上的数学

丢番都是古代希腊著名的数学家，关于他的年龄在任何书上都没有明确的记载，可是，在他的墓碑上却刻下了关于他的生平资料。如果依据墓碑上提供的生平资料，用数学方法去解答，就能算出数学家丢番都的年龄，这就是人们所说的"墓碑上的数学"。

丢番都的墓碑上到底刻了些什么呢？

"过路人，丢番都长眠在此。倘若你懂得碑文的奥秘，它就会告诉你丢番都一生寿命究竟有多长。

"他的生命的六分之一是幸福的童年；再活了他生命的十二分之一，他度过了愉快的青年时代；后来丢番都结了婚，这样又度过了一生的七分之一；再过五年，他得了第一个儿子，感到很幸福，可是命运给这个孩子在世界上的光辉灿烂的生命只有他父亲寿命的一半；自从儿子死了以后，他努力在数学研究中寻求慰藉，又过了四年，终于结束了尘世的生涯。"

现在让我们从碑文中去寻求解答问题的各种数量关系。

先用方程解。我们假设丢番都的年龄是 x 岁；他的生命的 $\frac{1}{6}$ 是童年，童年便是 $\frac{x}{6}$；再活了他生命的 $\frac{1}{12}$，就是再活了 $\frac{x}{12}$；他结婚又度过了一生的 $\frac{1}{7}$，便是 $\frac{x}{7}$；再过 5 年生了儿子，儿子的生命是父亲寿命的一半，那就是 $\frac{x}{2}$；儿子死后的 4 年，他结束了一生。

根据以上分析可以列出方程：

$$x = \frac{x}{6} + \frac{x}{12} + \frac{x}{7} + 5 + \frac{x}{2} + 4$$

解：

$$84x = 14x + 7x + 12x + 42x + 756$$

$$9x = 756$$

$$x = 84$$

这就是说，丢番都活了 84 岁。

这个问题也可用算术方法解。我们把丢番都的年龄看作整体"1"，童年是 $\frac{1}{6}$，青年是 $\frac{1}{12}$，结婚后度过了一生的 $\frac{1}{7}$，又过了 5 年生儿子，儿子年龄是他父亲生命的 $\frac{1}{2}$，又过了 4 年，结束了一生。

由此说明 (4+5) 年恰好是他一生的 $\left(1 - \frac{1}{6} - \frac{1}{12} - \frac{1}{7} - \frac{1}{2}\right)$。列式为：

$$(4+5) \div \left(1 - \frac{1}{6} - \frac{1}{12} - \frac{1}{7} - \frac{1}{2}\right)$$

$$= 9 \div \frac{84 - 14 - 7 - 12 - 42}{84}$$

$$= 9 \div \frac{9}{84}$$

$$= 84 \text{（岁）}$$

由此可以得知，丢番都 21 岁结婚，38 岁做了爸爸，儿子只活了 42 岁，儿子死的时候，丢番都 80 岁，儿子死后 4 年，这位 84 岁的老人给自己的一生画了一个句号。

丢番都的主要著作有《算术》一书。在书中，除了记述代数原理外，还记述了不定方程及其解法。丢番都研究的不定方程问题，对后来的数学研究影响很大，后人也把不定方程称为"丢番都方程"。

◆ 抽签与中奖

我们常会碰到这样的问题，10 个人抽一个奖，应该说每人获奖的概率是一样的。但有的人认为，先抽合算，后抽不合算。现在我们来分析一下：

第一人抽到奖的概率是 $\frac{1}{10}$，抽不到奖的概率为 $\frac{9}{10}$。

第二人抽时只有 9 个签，有两种可能：①第一人已抽到奖，第二人抽到奖的概率应是 $\frac{1}{10} \times \frac{0}{9} = 0$；②第一人未抽到奖，第二人抽到奖的概率应是 $\frac{9}{10} \times \frac{1}{9} = \frac{1}{10}$。

所以第二人抽到奖的概率为：

$$p = \frac{1}{10} \times \frac{0}{9} + \frac{9}{10} \times \frac{1}{9} = \frac{1}{10}$$

因此，第二人抽签，不管第一人是否抽到奖，他抽到奖的概率仍是 $\frac{1}{10}$。

第三人去抽签时还有 8 张签，也是两种情况：

(1) 前面两个人中已有一个抽到奖，第三人抽到奖的概率应是：

$$\left(\frac{1}{10} \times \frac{0}{9} + \frac{0}{10} + \frac{1}{9} \times \frac{0}{8} \right) = 0$$

(2) 第一、二人都未抽到奖，而第三人抽到奖的概率应是：

$$\frac{9}{10} \times \frac{8}{9} \times \frac{1}{8} = \frac{1}{10}$$

所以第三人抽到奖的概率为：

$$\left(\frac{1}{10}\times\frac{0}{9}+\frac{0}{10}\times\frac{1}{9}\right)\times\frac{0}{8}+\frac{9}{10}\times\frac{8}{9}\times\frac{1}{8}=\frac{1}{10}$$

因此，不管第一人、第二人是否抽到奖，第三人抽到奖的概率仍为 $\frac{1}{10}$，

所以 10 人抽签不管先抽还是后抽，抽到奖的概率是一样的，机会是一样的。

基本小知识

概　率

　　概率是数学概率论的基本概念，是一个在 0 到 1 之间的实数，是对随机事件发生的可能性的度量。人们常说某人有百分之多少的把握能通过这次考试，某件事发生的可能性是多少，这都是概率应用的实例。但如果一件事情发生的概率是 $\frac{1}{n}$，不是指 n 次事件里必有一次发生该事件，而是指此事件发生的频率接近于 $\frac{1}{n}$ 这个数值。

👆 怎样购买奖券

　　日常生活中我们常可见到各种各样的奖券、彩票，比如体育彩票、社会福利彩票、有奖储蓄奖券等。购买奖券时到底是买连号的好还是买不连号的好？到底哪一种中奖机会大呢？

　　我们先来看一个简单的例子。设有某种奖券，奖券号末位是 0 的就中奖，中奖机会（概率）是 10%。现购买两张奖券。如果购买连号的奖券，则两张奖券的奖券号末位共有 10 种可能，分别是（0，1），（1，2），（2，3），…，（9，0），且每一种情况出现的可能性（概率）是一样的，而其中只有（0，1）及（9，0）两种情况下，会有一张奖券中奖，因此，总的中奖概率为 20%，平均中奖次数为 $1\times20\%=0.2$。如果不买连号的而任意购买两张奖券，则两个末位号有以下 100 种可能，同样每种情况出现的概率相同，各为 1%，

$(0, 0), (0, 1), (0, 2), \cdots (0, 9)$

$(1, 0), (1, 1), (1, 2), \cdots (1, 9)$

$(9, 0), (9, 1), (9, 2), \cdots (9, 9)$。

在这 100 种情况中，只有在 (0, 0) 一种情况下，所购买的两张奖券都中奖，因此概率是 1%；而在 (0, 1)，…，(0, 9) 及 (1, 0)，…，(9, 0) 共 18 种情况中，有且只有一张奖券中奖，概率为 18%；在其余情况下，所购买的两张奖券均不中奖。因此，总的中奖概率为 1%＋18%＝19%，比购买连号时小了 1%，但平均中奖次数为 2×1%＋1×18%＝0.2 次，与购买连号时一样。因此我们说，购买连号或不连号的两种情况下，平均中奖次数（机会）是一样的。如果购买三张奖券，计算也与前面类似。购买连号的时候，中奖概率是 30%，平均中奖次数是 0.3 次。购买不连号的时候，三张奖券都中奖的概率是 0.1%，有两张奖券中奖的概率是 2.7%，只有一张中奖的概率是 24.3%，总的中奖概率是 27.1%＜30%。此时，平均中奖次数为 3×0.1%＋2×2.7%＋1×24.3%＝0.3 次，仍与买连号时一样。事实上，无论购买几张奖券，两种购买方式的平均中奖次数都是一样的。

再把这个例子改一改。设末位奖券号为 0 时中二等奖，末两位奖券号为 00 时中一等奖，且不同奖项可兼中兼得。假设仍然是购买两张奖券，前面已计算过，无论采用哪一种购买方式，中二等奖的平均次数是一样的。类似地可以计算出，购买连号奖券时，中一等奖概率为 2%，平均中奖次数为 0.02 次。购买不连号奖券时，两张都中奖的概率是 1%×1%＝0.01%，只有一张中奖的概率是 1%×99%＋99%×1%＝1.98%，因此总的中一等奖的概率为 1.99%＜2%。中奖次数为 2×0.01%＋1×1.98%＝0.02，两种购买方式的平均中奖次数仍然是一样的。

总而言之，无论奖项分几个等级，无论每个奖项的中奖概率是多少，也无论购买多少张奖券，购买连号的或不连号的，总的中奖概率可能不同，但平均中奖次数总是一样的。

👉 要羊还是要汽车

有三扇门供选择，其中有一扇门的后面是汽车，其余两扇门的后面是羊，主持人先让你任意挑选，比如你选中一号门，这时主持人打开了后面是羊的另一扇门，假如是三号门，现在主持人问："为了以较大的概率选中汽车，你是否愿意改变主意选二号门？"

这个问题实际上是一个非常简单的条件概率问题。很显然，第一次选中汽车的概率是 $\frac{1}{3}$，当你改变主意再次选择时，选中汽车这个事件只有一种情况，即第一次没有选中汽车（概率为 $\frac{2}{3}$），再次选择时才选中（此时概率为 1），所以当你改变主意再次选择时选中汽车的概率为 $\frac{2}{3} \times 1 = \frac{2}{3}$。

有人认为当你再次选择时，就好比是在两扇门中任选一扇门的概率问题，即当你再次选择时选中汽车的概率是 $\frac{1}{2}$，这是没有考虑到"第一次已经选择过一扇门"这个条件而造成的错误结论，这个错误在条件概率的计算中常会出现。

如有 10 扇门，其中有 3 扇门后面是汽车，其余是羊，请你任选一扇门。当你选定一扇门后，主持人打开一扇不是汽车的门，再次请你选择一扇门，这时你选中汽车的概率是多少？很显然，当你第一次选定一扇门时，这扇门后面是汽车的概率是 $\frac{3}{10}$。当你再次选择时选中汽车这个事件有两种情况：

（1）第一次选中汽车，第二次再选中汽车。

（2）第一次选中羊，第二次才选中汽车。

于是可以算出再次选择一扇门选中汽车的概率为：

$$\frac{3}{10} \times \frac{2}{8} + \frac{7}{10} \times \frac{3}{8} = \frac{27}{80} = 0.3375$$

比第一次选中汽车的概率要大。

如果当你第二次又选定一扇门后，主持人同第一次一样打开一扇不是汽车的门，再让你第三次选择。这里，你选中汽车的概率是多少？

第三次选中汽车的这个事件有四种情况：

（1）第一次选中汽车，第二次又选中汽车，第三次再选中汽车。

（2）第一次选中汽车，第二次选中羊，第三次再选中汽车。

（3）第一次选中羊，第二次选中汽车，第三次再选中汽车。

（4）第一次选中羊，第二次又选中羊，第三次才选中汽车。

于是可以算得第三次选中汽车的概率为：

$$\frac{3}{10}\times\frac{2}{8}\times\frac{1}{6}+\frac{3}{10}\times\frac{6}{8}\times\frac{2}{6}+\frac{7}{10}\times\frac{5}{8}\times\frac{3}{6}=\frac{63}{100}=0.39375$$

又比第二次选中汽车的概率要大。

同样，主持人继续打开一扇不是汽车的门，再让你选择的话，则第四次选中汽车的概率为：

$$\frac{327}{640}=0.5109375$$

由此可以得到一个结论：当你一次一次地改变主意选择一扇门时，选中汽车的概率将越来越大。所以当主持人提供你再次选择的机会时，你不能固执己见，应当改变原先的选择，另选为好。

> **趣味点击** 主持人
>
> 主持人具有采、编、播、控等多种业务能力，在一个相对固定的节目中的主持者和播出者。主持人一般集编辑、记者、播音员于一身。在广播或电视中，出场为听众、观众主持固定节目的人，叫作节目主持人。

号码升位后可增加多少号码

我们先看一个简单问题，从 0，1，2，3，4，5，6，7，8，9 中选出一个三位数，如 789、301、012、446、111 等，0 可在前面，数字可以重复，这样共可排出多少个数字?

三位数字的数, 相当于 3 个位子, 每个位子 10 个人都可以坐, 有 10 种坐法, 3 个位子相乘共同完成, 共有:

$$10\ \ 10\ \ 10$$

$$10\times10\times10=1000\ (个数字)$$

如果从 0, 1, 2, 3, 4, 5, 6, 7, 8, 9 中选排出一个四位数字的数, 也允许数字重复, 0 可出现在头上, 如 4142, 2226, 0100, 0089 等。

四位数字相当于 4 个位子, 每个位子 10 个人都可坐, 就有 10 种坐法, 4 个位子就要相乘共同完成, 共有:

$$10\ \ 10\ \ 10\ \ 10$$

$$10\times10\times10\times10=10000\ (个数字)$$

现在我们来回答下列问题:

(1) 某市电话号码原来是七位数, 那时全市最多可容纳有多少部电话呢?

$$10\times10\times10\times10\times10\times10\times10=10^7$$

(2) 现在升到八位数, 最多可有多少部电话?

$$10\times10\times10\times10\times10\times10\times10=10^8$$

(3) 电话号码由七位升到八位, 可增加多少部电话?

$$10^8-10^7=9\times10^7=90000000\ (部)$$

也就是说电话号码由七位升到八位可增加 9000 万部电话。

趣味点击　19 世纪 50 年代的电话

1850 年 8 月 28 日, 第一条海缆由约翰和布雷特兄弟俩在法国的奈兹海角和英国的李塞兰海角之间的公海里铺设, 但是, 人们只拍发了几份电报讯号就中断了。原来, 有个渔夫用拖网钩起了一段电缆, 并截下一节, 他高兴地向别人夸耀这种稀少的"海草"标本, 惊奇地说那里装满了金子。

怎样寻找落料的最优方案

有批长为 132 厘米的合金材料，现在截成 17 厘米、24 厘米、33 厘米三种规格材料，每种规格都要有，怎样落料才能使材料的利用率在 99％以上呢？

假设截成 17 厘米的为规格 A，截成 24 厘米的为规格 B，截成 33 厘米的为规格 C，根据落料数的可能，可以用树图分类讨论，具体介绍如下：

截 17 厘米三段，24 厘米二段，33 厘米一段材料利用率为 100％，截 17 厘米一段，24 厘米二段，33 厘米二段，材料利用率为 99.2％。

这道题目也可以用列表讨论法来解，具体如下：

表一

132	C (33)	B (24)	A (17)	利用率
	C=1 (99)	B=3 (27)	A=1 (10)	$\dfrac{132-10}{132}=92.4\%$
		B=2 (51)	A=3 (0)	$\dfrac{132-0}{132}=100\%$
		B=1 (75)	A=4 (7)	$\dfrac{132-7}{132}=94.7\%$
	C=2 (66)	B=2 (18)	A=1 (1)	$\dfrac{132-1}{132}=99.2\%$
		B=1 (42)	A=2 (8)	$\dfrac{132-8}{132}=93.9\%$

截 17 厘米三段，24 厘米二段，33 厘米一段，材料利用率为 100％；截 17 厘米一段，24 厘米二段，33 厘米二段，材料利用率为 99.2％。

这两种方法实质上是枚举法，把各种情况都算出来，然后比较最优解。

如果将长 132 厘米合金材料只截成 24 厘米、33 厘米两种规格，两种规格都要有，怎样来找出利用率最高的落料方案？

方法一样，这里具体用列表讨论法来解。

设 24 厘米四段为 B 规格，33 厘米为 C 规格，具体讨论如下：

表二

132	C (33)	B (24)	利用率
	C=1 (99)	B=4 (3)	$\dfrac{132-4}{132}=96.97\%$
	C=2 (66)	B=2 (18)	$\dfrac{132-18}{132}=86.37\%$
	C=3 (33)	B=1 (9)	$\dfrac{132-9}{132}=93.18\%$

显然，截 24 厘米四段，截 33 厘米一段，利用率 96.97% 为最高。

◥ 数字密码锁的安全性

我们在出差时所用的包上挂一把数字密码锁，只要知道一个密码，就可以非常巧妙地打开。那么，这锁是否安全呢？

如果数字锁是三位数 ⬚⬚⬚ ，每一格都可以出现 0，1，2，3，4，5，6，7，8，9 十个数字，这样排出的三位数共有

$$10\times10\times10=1000\ （个）$$

而其中只有一个密码号才能打开，因此打开此锁的概率为 $\dfrac{1}{1000}$。

不知道密码的人，想偷偷打开锁，就得一个不漏地一个一个去试，先 000，001，002，……，一直试到 999。由于心理紧张，还会重复已试过的数。就是试到了密码号而不拉一下，又会"滑"过去。这样就会试 1000 多个数，才能打开。如果每试一个数要花去 10 秒钟，试 1000 个数至少要花费：

$$\frac{1000\times10}{60}=167\ （分钟）\approx2.8\ （小时）$$

所以要想偷偷打开锁，至少要花去近 3 小时。旅途中的人，不可能离开包 2 个多小时，所以还是比较安全的。

重要的文件箱，都有六位数的密码锁。不知道密码锁的人想偷偷打开箱

子花的时间会更多。

六位数数字锁 ☐☐☐☐☐☐ ，每一格都可以出现 0，1，2，3，4，5，6，7，8，9 十个数字，这样排出的六位数共有：

$$10×10×10×10×10×10＝10^6＝1000000（个）$$

密码锁

密码锁是锁的一种，开启时用的是一系列的数字或符号。密码锁的密码通常都只是排列而非真正的组合。部分密码锁只使用一个转盘，把锁内的数个碟片或凸轮转动；也有些密码锁是转动一组数个刻有数字的拨轮圈，直接带动锁内部的机械装置。

而其中只有一个密码号才能打开锁，因此打开锁的概率为 $\dfrac{1}{10^6}＝\dfrac{1}{1000000}$。

同样，不知密码的人，想找开锁总得一个一个地去试号，加上心理的紧张，还会不自觉地重复试号。这样试号就会超过 10^6 个。每试一个号也按 10 秒计算，打开锁至少要花费：

$$\dfrac{10^6×10}{3600}＝2778（小时）$$

即使每天不睡，也得花费将近 4 个月时间才能打开六位数的密码锁，所以密码锁一般是比较安全的。

◐ 怎样计算用淘汰制进行的比赛场数

如果你所在的学校要举办一次象棋比赛，报名的是 50 个，用淘汰制进行，要安排几场比赛呢？一共赛几轮呢？如果你是比赛的主办者，你会安排吗？

因为最后参加决赛的应该是 2 人，这 2 人应该从 $2^3＝8$ 人中产生。这样，如果报名的人数恰巧是 2 的整数次幂，即 2，4（2^2），8（2^3），16（2^4），32（2^5），……，那么，只要按照报名人数每 2 人编成一组，进行比赛，逐步淘汰就可以了。假如先报名的人数不是 2 的整数次幂，在比赛中间就会有轮空的。如果先按照 2 个人一组安排比赛，轮空的在中后阶段比，而中后阶段一般实力较强，比赛较紧张，因此轮空与不轮空机会上就显得不平衡。为了使参赛者有均等的获胜机会，使比赛越来越激烈，我们总把轮空的放在第一轮。例如，上例的人在 32（2^5）与 64（2^6）之间，而 $50-32=18$。那么，第一轮应该从 50 人中淘汰 18 人，即进行 18 场比赛。这样参加第一轮的 18 组 36 人，轮空的有 14 人。第一轮比赛后，淘汰 18 人，剩下 32 人，从第二轮起就没有轮空的了。第二轮要进行 16 场比赛，第三轮 8 场，第四轮 4 场，第五轮 2 场，第六轮就是决赛，产生冠军和亚军。这样总共进行六轮比赛，比赛的场数一共是：$18+16+8+4+2+1=49$，恰恰比 50 少 1。

再来看看世界杯足球赛的例子。'98 法国世界杯赛共有 32 支参赛球队，比赛采取的方式是先进行小组循环赛，然后进行淘汰赛。如果全部比赛都采用淘汰制进行，要安排几场比赛呢？32 正好是 2^5，因而总的场数是 $16+8+4+2+1=31$，也是比 32 少 1。

不妨再从一般情况来研究。如果报名的人数为 M 人。而 M 比 2^n 大，但比 2^{n+1} 小，那么，就需要进行 $n+1$ 轮比赛，其中第一轮所需要比赛的场数是 $M-2^n$，第一轮比赛淘汰 $M-2^n$ 后，剩下的人数为 $M-(M-2^n)=2^n$。以后的 n 轮比赛中，比赛的场数为：

$2^{n-1}+2^{n-2}+2^{n-3}+\cdots+2^3+2^2+2+1$

$=(2^{n-1}+2^{n-2}+2^{n-3}+\cdots+2^3+2^2+2+1)\times(2-1)$

$=(2^{n-1}+2^{n-2}+2^{n-3}+\cdots+2^3+2^2+2+1)$

$=2^n-1$

所以，一共比赛的场数是 $(M-2^n)+(2^n-1)=M-1$，即比参加的人数少 1。

其实，每一场比赛总是淘汰 1 人。在 M 人参加的比赛中，要产生 1 个冠军就是淘汰 $M-1$ 人，所以就得比赛 $M-1$ 场，你明白了吗？

现在请你自己来安排一次乒乓球比赛，报名参加男子单打的有 158 人，报名参加女子单打的有 96 人，应该进行多少场比赛？怎样安排这些比赛呢？

基本小知识

世界杯足球赛

世界杯足球赛又叫世界足球锦标赛，是世界上最高水平的足球比赛，与奥运会并称为全球体育两大顶级赛事。世界杯每四年举办一次，任何国际足联会员国（地区）都可以派出代表队报名参加。

◆ 怎样计算用单循环制进行的比赛场数

用淘汰制进行球类锦标赛，比赛场数比较少，所需时间较短，所以，报名人数较多的个人锦标赛往往采用这种方法。但它有一个缺点，就是运动员要获得冠军，中途不能有失。而且如果两强相遇过早，所产生的亚军和其他名次往往与实际水平不完全相符。因此，在报名单位较少的一些团体锦标赛中，往往不采用淘汰制而采用另一种比赛方法——循环制。

用循环制进行的比赛场数应该怎样计算呢？下面来看一个例子。如果你所在的学校有 15 个班级，每个班级有 1 支球队参加比赛，若用单循环制进行，一共要比赛几场？

如果用单循环制进行比赛，每一支队要和另一支队比赛一场，所以在 15 个球队中，每一支队伍要进行 14 场比赛，15 支球队就有 15×14 场比赛。但每场比赛是两队互相交锋的，因此，这样计算就把一场比赛算做两次了，而实际的比赛场数是 $\frac{15 \times 14}{2} = 105$ （场）。

再来看看世界杯足球赛的例子。1998 年世界杯足球赛有 32 支参赛球队，如果始终采用单循环制进行比赛，那么一共要进行的比赛场数是 （32×31）÷2＝496（次）。

一般说来，单循环制的比赛，如果有 n 队报名，那么，比赛的场数总共是：

$$\frac{n\times(n-1)}{2}$$

但是这样安排场次太多，费时太长，因此，许多比赛采用的

你知道吗

冠军

泛指体育、文化、艺术表演等竞技比赛中的第一名。

不完全是单循环制，而是分组双轮单循环制。如果把 15 队分成三组，每组 5 队，采用分组双轮单循环制，一共要比赛几场？

在这三组中用单循环制进行比赛，产生三个分组冠军，这三队再进行第二轮的单循环赛，产生冠、亚军。这样，

第一轮：$\frac{5\times4}{2}+\frac{5\times4}{2}+\frac{5\times4}{2}=30$（场）

第二轮：$\frac{3\times2}{2}=3$（场）

比赛的总场数：$30+3=33$（场）

再回到'98 世界杯足球赛的例子，32 支参赛队分成 8 个组，每组 4 个队。如果按照分组进行双轮单循环赛，那么，第一轮要比赛 $\frac{4\times3}{2}\times8=48$（场），产生 8 个分组冠军；第二轮，这 8 个队再进行 $(8\times7)\div2=28$（场）比赛，决出冠、亚军。

现在请你用同样的方法来安排一次乒乓球赛，报名参加男子团体赛的有 26 个队，报名参加女子团体赛的有 19 个队。如果用单循环制进行比赛，要安排几场比赛？如果各分成三组，男子两组各 9 队，一组 8 队，女子两组各 6 队，一组 7 队，采用分组双轮单循环制，一共要比赛几场？事实上很多比赛会同时采用这两种比赛方式——淘汰制和单循环制。例如'98 世界杯足球赛，先是 32 支球队分成 8 个组，采用分组单循环制，进行 48 场比赛，每组的冠、亚军共 16 支球队，再采用淘汰制，进行 8 场比赛，决出前 8 强。再用淘汰制，进行 4 场比赛，决出前 4 名。还是用淘汰制，进行 2 场比赛，决出前 2

名。最后前 2 名争夺冠军，另外还安排一场决出 3、4 名的比赛。这样比赛场数总共是 48＋8＋4＋2＋1＋1＝64（场）。

知识小链接

锦标赛

锦标本是锦制的标旗，后泛指授给竞赛优胜者的奖品。锦标赛便指不同地区或竞赛大组的优胜者之间的一系列决赛之一。

怎样安排循环制进行的比赛场数

现在，我们已经知道了怎样计算循环赛的比赛场次，那么怎样排出这种比赛的程序表，使每一队在每一轮比赛中都有不同的对手呢？让我们来看上文留下的题目，女子分成的三组中有一组是 6 个队，这 6 个队用单循环制进行比赛。用 X 表示球队的编号，$X \in \{1, 2, \cdots, 6\}$，$r$ 表示比赛的轮数，$r \in \{1, 2, \cdots, 5\}$，那么每一个队都要进行 5 轮比赛。

下面就是一张 6 个队的比赛程序表，在第 r 行、第 x 列处的数字 y 代表 x 队在第 r 轮比赛中的对手。

x $\diagdown$ y	1	2	3	4	5	6
1	5	4	6	2	1	3
2	6	5	4	3	2	1
3	2	1	5	6	3	4
4	3	6	1	5	4	2
5	4	3	2	1	6	5

这张表是怎样排出来的呢？

首先介绍一个概念——"同余"。所谓同余，是指两个整数 a，b 被另一正整数 m 去除，有相同的余数，通常用符号：

$$a = b \pmod{m}$$

表示"a，b 关于模 m 同余"。例如 34 与 12 被 11 除余数都是 1，就称"34 与 12 关于模 11 同余"。同余的概念早在公元 5 世纪时，在我国的《孙子算经》中已经出现，在日常生活中也经常会遇到。比如，某月 2 日是星期三，那么 9 日、16 日、23 日都是星期三，因为它们关于模 7 同余。

一般地，要排出有 N 个队参加的循环赛程序表，只需要第 r（$r=1$，2，…，$N-1$）轮中取能满足 $x+y=r \pmod{N-1}$ 的 y 值就行了。

因此上例中，只要取能满足 $x+y$ 被 5 除余数为 r 的 y 值就行了。

先看第一轮比赛（$r=1$，$x+y=6$），于是有 $x=1$，$y=5$；$x=2$，$y=4$。但是 $x=3$ 时，$y=3$，这意味着第三队将与自己比赛，这当然是不可能的。为此，我们规定，在这种情况下，它与最后一队即第 6 队比赛。于是表中第一行排好了。

再看第二轮比赛（$r=2$，$x+y=7$），于是第二行可以毫不费力地排出来。

第三轮比赛（$r=3$，$x+y=8$），而 $x=1$ 时，$y=7$，无此队，因而这种情况下，可改取 $x+y=r$，则 $x=1$，$y=2$；$x=2$，$y=1$。此后还是按照 $x+y=8$，则当 $x=3$，$y=5$；$x=4$ 时，y 不可能为 4，由上可知，取 $y=6$。

用同样的方法，可以把上面列出的表排完。

这样，如果参赛的队数是偶数，每一个队在每一轮比赛中都能有不同的对手。当然这并不是唯一的排法，如果参赛的队数是奇数，这种排法也就不适用了。

基本
小知识

循环赛

循环赛，每个队都能和其他队比赛一次或两次，最后按成绩计算名次。这种竞赛方法比较合理、客观和公平，有利于各队相互学习和交流经验。

条形码中的数学奥秘

当顾客从超市的货架上取下想买的物品，交到收款台时，只见营业员用一支带有红激光的笔，在黑白相间的条纹上扫描一下，便听到"哔、哔"的响声。这响声表示电脑已经知道这是什么货物，以及货物的价格，然后电脑自动打印出收款条；与此同时，电脑将信息传到超市仓库，把库存数减去若干，这一过程简单省时。

你知道吗

条形码

条形码是将宽度不等的多个黑条和空白，按照一定的编码规则排列，用以表达一组信息的图形标识符。常见的条形码是由反射率相差很大的黑条和白条排成的平行线图案。条形码可以标出物品的生产国、制造厂家、商品名称、生产日期、图书分类号、邮件起止地点、类别、日期等许多信息，因而在商品流通、图书管理、邮政管理、银行系统等许多领域都得到广泛的应用。

这黑白相间的条纹就是条形码。它是一组宽度不同、平行相邻的条和空，按预设的格式与间距组合起来的符号。有的条纹下还标有数字。它是人与计算机通话联系的一种特定语言。根据需要可以将粗黑条定义为1，而将细黑条定义为0，通过一定的形式组合，表示0～9的阿拉伯数字，黑条纹中间的空白区，又可代表另一种编码信息。这样千变万化的编码组合，就可以包含丰富的信息：产品名称、制造厂家、规格、重量等。只要用某种特别的光电阅读器，便能准确、迅速地将这些信息读出来，并送给计算机处理，实现各种管理活动的自动化。

🔎 与你同生日的有几人

你有没有发现，在同班同学中，几乎总有生日相同的。不信，你可以去统计一下。但是，你能说出为什么吗？一个班级不过 40～50 人，而一年在 365 天，生日怎么会"碰"在一起呢？

先来计算一下"四人的生日都不在同一天"的可能性（概率）。随意找一个人甲，他的生日可能是 365 天中的任何一天，就是说有 365 种可能；第二个人乙，第三个人丙，第四个人丁也是同样。于是四人的生日状况共有 365^4 种情况。那么生日各不相同的情况占了多少呢？如果要使乙的生日不与甲相同，那么乙就只能是除去甲生日那一天的其他的 364 天中的某一天，即有 364 种可能。同理，丙不能与甲、乙两人的生日相同，那么有 363 种可能；丁不能与三人生日相同，于是只有 362 种可能。因此，"甲、乙、丙、丁四人生日都不在同一天"的可能性是：

$$\frac{365 \times 364 \times 363 \times 362}{365^4} = 0.98 = 98\%$$

反过来，"甲、乙、丙、丁四人中至少有两人生在同一天"的可能性就是：

$$1 - 0.98 = 0.02 = 2\%$$

现在，将四人推广到 40 人。"40 人的生日都不在同一天"的可能性应是：

$$\frac{365 \times 364 \times 363 \times \cdots 326}{365^{40}} = 0.1088 = 10.88\%$$

于是，"40 人中至少有两人生于同一天"的可能性就是：

$$1 - 0.1088 = 0.8912 = 89.12\%$$

这几乎是十拿九稳的。

如果你班上有 45 人，那么"至少有两人生于同一天"的可能性达到 94.1%；如果你班上有 50 人，那更不得了，"至少有两人生于同一天"的可能性竟达到 97.04%。

你班上有多少同学呢？你不妨算一下，"至少有两人生于同一天"的可能性在你班上是多少呢？

☛ 星期几的算法

如果你想要知道历史上的某一重要日子或者未来的某一天是星期几，不查日历，能算出来吗？

事实上，有许多公式可以用于计算某月某日是星期几。

例如：

$$S = x - 1 + \left[\frac{x-1}{4}\right] - \left[\frac{x-1}{100}\right] + \left[\frac{x-1}{400}\right] + C$$

这里 x 是公元的年数，C 是从元旦数起到这一天为止（包括这一天）的天数，方括号表示一个数的整数部分。求出 S 后，再用 7 除，其余数便表示这一天是星期几：余数为 0，则为星期日；余数为 1，则为星期一。依此类推。

例 1　1921 年 7 月 1 日，中国共产党在上海成立。这天是星期几？

按上面公式：

$$S = 1921 - 1 + \left[\frac{1921-1}{4}\right] - \left[\frac{1921-1}{100}\right] + \left[\frac{1921-1}{400}\right] + (31 + 28 + 31 + 30 + 31 + 30 + 1)$$

$$= 1920 + 480 - 19 + 4 + 182$$

$$= 2567$$

用 7 除 2567 所得的余数是 5，所以 1921 年 7 月 1 日是星期五。

上面的公式有一个缺点，它不是直接把月和日代入公式，而是要计算这一天是全年的第几天。下面的蔡勒公式避免了这个麻烦：

$$W = \left[\frac{c}{4}\right] - 2c + y + \left[\frac{y}{4}\right] + \left[\frac{26\ (m+1)}{100}\right] + d - 1$$

　　这里 c 是公元年份的前两位数；y 是公元年份的后两位数；m 是月数，不过 1 月和 2 月分别看成上一年的 13 月和 14 月；d 是日数。按蔡勒公式求出 W 后，再求其除以 7 的余数，便得到星期数。

　　你可以用蔡勒公式试求 1921 年 7 月 1 日是星期几，并与例 1 比较。

　　例 2　1949 年 10 月 1 日，中华人民共和国成立。这一天是星期几？

　　这个日子 $c=19$，$y=49$，$m=10$，$d=1$。用蔡勒公式求得：

$$W=\left[\frac{19}{4}\right]-2\times19+49+\left[\frac{49}{4}\right]+\left[\frac{26(10+1)}{10}\right]+1-1$$

$$=4-38+49+12+28$$

$$=55$$

　　用 7 除 55 得余数 6，所以 1949 年 10 月 1 日是星期六。

　　例 3　2000 年元旦是星期几？

　　2000 年元旦应该看成 1999 年 13 月 1 日，所以 $c=19$，$y=99$，$m=13$，$d=1$。用蔡勒公式求得：

$$W=\left[\frac{19}{4}\right]-2\times19+99+\left[\frac{99}{4}\right]+\left[\frac{26(13+1)}{10}\right]+1-1$$

$$=4-38+99+24+36$$

$$=125$$

　　用 7 除 125 得余数 6，所以 2000 年元旦是星期六。

知识小链接

星　期

　　星期又叫周或礼拜，是古巴比伦人创造的一个时间单位，也是现在制订工作日、休息日的依据，一个星期为七天。星期在中国古称七曜。七曜在中国夏商周时期，是指日、月及五大行星等七个主要星体，是当时天文星象的重要组成部分。后来借用作七天为一周的时间单位，故称星期。

抽屉原则

现在有五本书要放到四个抽屉里去，放法是很多的：有的抽屉可以不放，有的可以放一本，有的可以放二本、三本、四本甚至五本。但是，不管怎样放，至少可以找到一个至少放有两本书的抽屉。

设每一个抽屉代表一个集合，每一本书代表一个元素。假设有 $n+1$ 或比 $n+1$ 多的元素要放到 n 个集合里去，毫无疑问，其中必定至少有一个集合里至少放进两个元素。这就是"抽屉原则"的抽象含义。

看看抽屉原则在实际生活中的应用。

现在假设班上有 54 个同学。如果说这 54 个同学中至少有两个人是同一个星期出生的。你一定会惊奇，这是怎么计算出来的？这很简单。正常情况下，学生们的生日不会相差一年，因为一年之中只有 53 个星期。现在学生有 54 人，我们运用抽屉原则的知识，把星期作为抽屉，学生作为书本。那么，这 53 个抽屉里，至少有一个抽屉放进至少两本书，也就是至少有两个同学在同一星期出生。这不是很容易解答的吗？

一般的情况，书本的数目并不一定比抽屉数目多 1，可以更多一些，例如多 6 本、7 本放到四个抽屉里。如果更多呢？例如 21 本书放到 4 个抽屉里，道理也是一样，也就是无论怎样放法，至少可以找到一个抽屉里至少有 6 本书。这样的情形，即把 $(m \times n+1)$ 或比 $(m \times n+1)$ 多的元素放到 n 个集合里，无论怎样放法，其中必定至少有一个集合里至少放进 $m+1$ 个元素。

我们来试试看，假设在一个平面上有任意 6 个点，无三点共线，每两点用红色或蓝色的线段连起来，都连好以后，能不能找到一个由这些线段构成的三角形，它们的三条边是同一颜色的？

随便选择其中任何一点，可以看到这一点到其他 5 个点之间连接了 5 条线段，这 5 条线段中，至少有 3 条是同一颜色，假定是红色。现在单独来看这 3 条红色的线段吧，这 3 条线段的另一端不是也有不同颜色的线段连接起来构成三角形的吗？假如其中有 1 条是红色的，那么，这条红色的线段和其他原来连接的两条红色线段就组成了一个我们想要找的三角形。假如这 3 条都是蓝色的呢，那么，这 3 条蓝色线段本身组成的也是我们想要找的三角形。所以，无论你怎样着色，在这任意 6 个点之间所有的线段中至少能找到同一种颜色的一个三角形。

假设在一场乒乓球赛中，从所有的队员里任选 6 个人，你能证明他们当中必然有 3 个人互相交过手，或者彼此没有交过手吗？

◑▶ 奇妙的圆

圆形，是一个看似简单，实际上却很奇妙的图形。

古代人最早是从太阳、阴历十五的月亮得到圆的概念的，就是现在也还用日、月来形容一些圆的东西，如月门、月琴、日月贝、太阳珊瑚等。

是什么人作出第一个圆呢？

十几万年前的古人作的石球已经相当圆了。

18000 年前的山顶洞人曾经在兽牙、砾石和石珠上钻孔，那些孔有的就很圆。

山顶洞人是用一种尖状器转着钻孔的，一面钻不透，再从另一面钻。石器的尖是圆心，它的宽度的一半就是半径，一圈圈地转就可以钻出一个圆孔。

以后到了陶器时代，许多陶器都是圆的。圆的陶器是将泥土放在一个转盘上制成的。

当人们开始纺线，又制出了圆形的石纺锤或陶纺锤。

6000 年前的半坡人（在西安）会建造圆形的房子，面积有 10 多平方米。

古代人还发现圆的木头滚着走比较省劲。后来他们在搬运重物的时候，就把几段圆木垫在大树、大石头下面滚着走，这样当然比扛着走省劲得多。

大约在 6000 年前，美索不达米亚人做出了世界上第一个轮子——圆的木盘。

在 4000 多年前，人们将圆的木盘固定在木架下，这就成了最初的车子。因为轮子的圆心是固定在一根轴上的，而圆心到圆周总是等长的，所以只要道路平坦，车子就可以平稳地前进了。

会做圆形物品，但不一定就懂得圆的性质。古代埃及人就认为：圆，是神赐给人的神圣图形。一直到 2000 多年前我国的墨子（前 468—前 376）才给圆下了一个定义："一中同长也。"意思是说：圆有一个圆心，圆心到圆周的长都相等。这个定义比希腊数学家欧几里得（约前 330—前 275）给圆下的定义要早 100 年。

圆周率，也就是圆周与直径的比值，是一个非常奇特的数。

《周髀算经》上说"径一周三"，把圆周率看成 3，这只是一个近似值。美索不达米亚人在做第一个轮子的时候，也只知道圆周率是 3。

魏晋时期的刘徽于公元 263 年给《九章算术》作注。他发现"径一周三"只是圆内接正六边形周长和直径的比值。他创立了割圆术，认为圆内接正多边形边数无限增加时，周长就越逼近圆周长。他算到圆内接正 192 边形的圆周率已经接近 3.14 的数值。

刘徽已经把极限的概念运用于解决实际的数学问题之中，这在世界数学史上也是一项重大的成就。

祖冲之（429—500）在前人的计算基础上继续推算，求出圆周率在 3.1415926 与 3.1415927 之间，这是世界上最早的七位小数精确值，他还用两个分数值来表示圆周率：$\frac{22}{7}$ 称为约率，$\frac{355}{113}$ 称为密率。

请你将这两个分数换算成小数，看它们与今天已知的圆周率有几位小数数字相同？

在欧洲，直到 1000 年后的 16 世纪，德国人鄂图（公元 1573 年）和安托尼兹才得到这个数值。

现在有了电子计算机，圆周率已经算到了小数点后 1000 万位以上了。

重要的外交会议大多以圆桌形式举行。那么，在多种多样的会议形式中为何要选择圆桌形式呢？

圆是由中心到各点距离相同

趣味点击　圆桌会议

圆桌会议指围绕圆桌举行的会议，圆桌并没有主席位置，亦没有随从位置，人人平等。此概念源自英国传说里的亚瑟王与其圆桌骑士在卡默洛特时代的习俗。

的点构成的，也就是说，围坐在圆桌旁的每个人与圆心距离相等，这象征参加圆桌会议的人是平等的。

下水井盖也大多呈圆形。圆上各点与中心距离相同，所以从各点出发的圆的直径也相同，这种性质同圆桌会议、汽车轮胎一样。而之所以很少将其设计为四边形是因为四边形对角线比四个边要长，所以在打开四边形井盖时井盖很容易掉落进去。

反过来，如果把下水井口制作成圆形并比井盖稍小一些，则无论以什么方式打开，井盖都不会卡在井口，更不会掉落进去。

◉ 高斯等分正 17 边形

1801 年，高斯在他的代表作《算术研究》一书中解决了用圆规直尺对圆周进行 17 等分的千年难题。欧几里得时代，已经有用规尺把圆周三等分和五等分的做法，令人不解的是在以后的 2000 多年当中，几何学家谁也不会用规尺把圆周 17 等分。高斯 19 岁时用代数方法解决了这一问题，轰动了当时的数学界。高斯逝世后，人们为了缅怀这位"数学家之王"，在他的墓碑上刻了一个正 17 边形的美丽图案。

高斯等分正 17 边形的做法步骤如下：

（1）用规尺作线段 $x_1 = \dfrac{-1-\sqrt{17}}{2}$，$x_2 = \dfrac{-1+\sqrt{17}}{2}$（已知圆半径为1）。

（2）用规尺作线段 U，V。

（3）用规尺作线段 W。

（4）在实轴上标出 W 点，作 OW 的垂直平分线与单位圆交于 A，B 两点，从 $(1, 0)$ 点到 A 点（或 B 点）的弦即为此圆内接正17边形的边长。

高斯的上述做法是几何、代数的完美结合之典范。等分圆周的问题并非同一档次的问题，有的平凡原始，例如三等分、四等分和五等分，有的则植根于深刻的理论山巅之上。任凭欧几里得、阿基米德乃至牛顿等大数学家如何聪明，也未能解决貌似初等的作正17边形的问题。数学当中有不少这种性质的问题，表面上看，提法朴素初等，人人可以弄清楚是在要求干什么，甚至和已经解决了的问题似乎同类，但百思不得其解，其难度隐藏在某些尚未发现的数学理论之中，只能等待纯数学研究出那个可以解决该问题的理论之后，才会得出该问题的解法，作正17边形和化圆为方等规尺作图就是这种性质的问题。

测量太阳高度

古人很早就知道，用小小直角尺（矩）可以量出相当高的高度。他们把角尺直立在水平位置上，对准要测量的物体，使物体的量高点与角尺两边上的两点成一直线，用相似直角三角形对应边成比例的性质，就可以把物体的高度算出来了。这里的条件是：直尺的直角点到物体垂直于水平面的线的距离能够用尺直接测量出来。

2000 多年以前，汉代的天文学家把这种方法推广到计算太阳所在的高度。这是古代一个十分有趣的天文问题，也是一个很有意义的数学问题。我们现在知道，太阳与地球是宇宙中两个椭圆形的天体，它们之间的平均距离有14960 万千米。可是古代的人想知道太阳所在的高度是多少，他们又是怎样测量的呢？

原来，那时有的天文学家，认为天是圆的（指球形），地是方的。地球是一望无际的平地，挂在天空中的太阳，尽管一年四季千变万化，但在特定的时间和地点，它的高度是可以测量计算的。于是，这些天文学家用一根 8 尺（约 2.7 米）长的标杆（p），选定夏至这一天，在南北相隔 1000 里（500 千米）的两个地方（A，B），分别测出太阳的影子长度（m，n）。设太阳离地面的高度为 $h+p$，A 点到太阳在地面的垂足的距离为 d，根据相似直角三角形对应边成比例的性质，得：

$$\begin{cases} \dfrac{h}{p} = \dfrac{d}{m} & (1) \\[2mm] \dfrac{h}{p} = \dfrac{d+AB}{n} & (2) \end{cases}$$

解方程组得：

$$h = \frac{p \times AB}{n-m} \qquad (3)$$

汉代的天文学家认为，北面 B 点的影长 n 与南面 A 点的影长 m 恰恰相差 1 寸。因此，$n-m=1$ 寸（1 寸＝3 厘米），$p=8$ 尺（1 尺＝33 厘米），$AB=1000$ 里（1 里＝500 米），代入（3）式得

$$h = \frac{8\text{尺} \times 1000\text{里}}{0.1\text{尺}} = 80000\text{里}$$

将 80000 里（约 40000 千米）再加上标杆的长度 8 尺（约 2.7 米），便是太阳离地面的高度（当然，这个结论是不符合实际的）。从（3）式中可以知道，h 的高度等于北面影子与标杆长之比减去南面影子与标杆长之比去除南北两点间的距离。同样，用这两个比值的差除以南面影长，便得到 A 点到太阳在地面

拓展阅读

太阳高度

对于地球上的某个地点，太阳高度是指太阳光的入射方向和地平面之间的夹角，专业上讲太阳高度角是指某地太阳光线与该地作垂直于地心的地表切线的夹角。

的垂足的距离。因此，南北两点的距离确定以后，太阳离地面的高度主要决定于标竿影长与标竿长的两个比值之差。但是，因为他们假设地面是平的，不符合实际情况，因而得出错误的结果。然而，我国古代这种数学方法是正确的，汉代天文学家把这种计算方法称为"重差术"。我国数学家刘徽系统地总结了这种办法，写成专门的一章，也是叫作"重差"，附在古代数学名著《九章算术》之后。唐代初年，国子监整理出版古代数学著作时，把这一章作为《算经十书》之一，单独发行。因为它的第一个问题是测出一个海岛的高度和距离，所以又把它称为《海岛算经》。

▶ 丈量地球

根据牛顿有关引力的理论，可以推想出来，地球并不是一个纯粹的圆球体，而应该有点像橘子那样，是个中间宽两头扁的球状体。换句话说，由于离心力的作用，地球在赤道上的直径要比两极间的直径要长。也就是说，两极的每一纬度间的距离要比赤道附近每一纬度间的距离要大。

为了证实这一理论，法国政府于 1735 年组织了两次考察。考察队的任务是通过对子午线弧度的测量，精确地计算出地球的形状和大小。第一支考察队在深入到位于赤道附近的秘鲁安第斯山区时遇到了许多困难。两年后，第二支考察队去了北欧拉普兰地区，那是当时欧洲人所能到达的最靠近北极的地区。由于恶劣的气候

拓展阅读

引 力

引力是所有物质之间互相存在的吸引力，与物体的质量有关。物体如果距离过近会产生一定的斥力。引力的产生与质量的产生是联系在一起的，质量是由空间的变化产生的一种效应，引力附属质量的产生而出现。

条件和仪器的敏感度很高，这两次考察不仅耗费时日，而且历尽周折。但是，在历时数年的艰苦工作中，他们所收集到的数据和得出的计算结果证实了牛顿的想法。北极附近的一个纬度间距要比赤道附近的一个纬度间距长1％。赤道部位的地球要比两极部位的更圆。今天我们知道，赤道区域的海平面要比两极地区的海平面离地球的中心远21千米。

◆🔍 经度的测量

许多世纪以前，航海家们已经懂得如何测量纬度（赤道到地球南北任何一点的距离），即测量出太阳在某地的最高点或北极星的位置，再算出它们与天顶的距离就可以了。但是，只有知道某一点与出发港口的确切距离（无论是向东或向西），才有可能计算出经度，而这一点在那个时代决非易事。

1714年，英国政府宣布，谁能找到确定海上航行船只确切位置的方法，就奖励他2万英镑。英国人哈里森是一位木匠和手工艺人，从1728年开始，他制作出了好几只适合在船上使用的计时器，一只比一只更轻便、更精确。1739年，他又制作出了第一只适合远洋航行用的计时器，但有点复杂，也不十分精确。又经过多年的研究和试验，他终于在1761年制造了一只相当精确的计时器，用它计算出来的经度只有几海里的误差。这只计时器有一个用几种不同金属制成的内置平衡装置，它既可抗御船只的颠簸，又能适应温度的变化。但是，哈里森还必须对他的计时器进行多次试验，成功以后才能获得悬赏。1762年，在一次从英国到加勒比海的巴巴多斯的航行中人们使用了这个计时器。航行历时5个月，哈里森的计时器只慢了15秒。但是，直到10年以后，英国政府才给哈里森颁发了奖金。这只计时器的出现开辟了航海事业的新纪元。从此，在海上航行的船只可以知道自己的确切位置，并有可能绘制出更加精确的航海图，为找到更加快捷的新航线提供了可能。

巧算圆木垛

　　在货栈或仓库里，物品的码放都是很有次序的，这样不仅整齐美观，取用方便，而且也易于统计。

　　有一堆长短粗细相同的圆木堆放在露天仓库里，按以下规律排列：最下边一层是 10 根，以后每一层比下一层少一根，最上边一层是 1 根，这堆圆木一共有多少根？

　　有的同学说，圆木堆垛的横截面是一个三角形，底层是 10 根，高是 10 层，列式为：$10 \times 10 \div 2 = 50$（根），这堆圆木共 50 根。

　　也有同学说，圆木堆垛的横截面是一个梯形，下底层是 10 根，上底层是 1 根，高是 10 层，列式为：$(10 + 1) \times 10 \div 2 = 55$（根），这堆圆木共 55 根。

　　这两个答案哪个对呢？现在来分析一下。

　　假如你在这堆圆木旁边，再并排地放上同样的一堆，只是上下倒置。这时，这两堆圆木合成的圆木堆，每一层的根数，恰好是底层与顶层根数的和，底层是 10 根，顶层是 1 根，每一层的根数是 $10 + 1 = 11$（根），一共是 10 层，$11 \times 10 = 110$（根），这 110 根是两堆圆木的总根数，原来的这堆圆木的根数就是这两堆圆木总根数的一半，$110 \div 2 = 55$（根）。由此说明，"这堆圆木共 50 根"的答案是错误的。错误的根本原因在于，不应该把圆木堆垛的横截面看成为三角形，虽然它上底很短，数值很小，是"1"，但它毕竟不是"0"，只有当梯形的上底逐渐缩短，数值成为"0"时，梯形才转化成三角形了。

由此可推出圆木堆垛一般的计算公式是：

$$\frac{（底层根数＋顶层根数）×层数}{2}$$

如果有一堆钢管堆放在地上，第一层是 8 根，底层是 20 根，每层仍是依次减少一根，要求这堆钢管总数是多少根，也可用这个公式来计算：

$$总根数＝\frac{（底层根数＋顶层根数）×层数}{2}＝\frac{（20＋8）×13}{2}＝182（根）$$

这堆钢管总数是 182 根。

"巧算圆木堆垛"的方法还可以推广到其他圆柱形物体的计算上去，如铅笔厂计算铅笔的支数、水泥管厂计算水泥管数等。除此以外，你能不能用这种巧算的方法计算 101＋102＋103＋…＋198＋199＋200 的和呢？把 101 看作顶层的数，200 看作底层的数，100 个数是层数，列式为：

$$\frac{（101＋200）×100}{2}＝15050$$

其实，这道题还可以这样算：150.5×100＝15050，你猜猜，这又是怎么想的呢？

🔘 化圆为方的绝招

作一个正方形，使其面积和已知圆的面积相等，这就是化圆为方问题。

问题是数学的灵魂。为了解决化圆为方问题，古希腊数学家希皮亚斯发明了一条称为"割圆曲线"的奇怪曲线（当然这条曲线用规尺是作不成的）。割圆曲线是这样制成的：

把线段 AB 绕 A 点顺时针匀速旋转 90°到

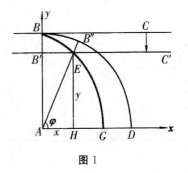

图1

AD 位置，同时与 AD 平行的直线 BC 匀速平移到 AD 位置，动线段 AB 与动直线 BC 的交点形成的曲线称为割圆曲线，见图 1 中的粗实线。在同一时间内，BC 平移到 $B'C'$，AB 转到 AB''，AB'' 与 $B'C'$ 交于 E 点，动点 E 的轨迹 BG 即为割圆曲线，它把以 A 为中心的以 AB 为半径的 $\frac{1}{4}$ 圆切割成两块，故有其名谓之割圆曲线。

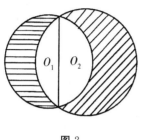

图 2

图 3

下面讨论把弯月亮形化成等面积的正方形的问题。所谓弯月亮形是指两圆相交于两点，在一圆内部而在另一圆外部的平面区域，图 2 的阴影部分就是两个弯月亮。

和化圆为方不能用规尺完成的难度有些区别的是，有些弯月亮是可以用规尺作出的。

(1) 内外弓形角分别为 45° 和 90° 的弯月亮可以用规尺作出，见图 3。

由于弓形角 $\angle GAB = 90°$，$\angle CAB = 45°$，其中 C 点在弯月亮的弧上，则 $\triangle ABC$ 是等腰直角三角形，$AB^2 = AC^2 + BC^2$；又由于

$$\frac{弓形\ ACE}{弓形\ ABD} = \frac{AC^2}{AB^2}, \quad \frac{弓形\ BCF}{弓形\ ABD} = \frac{BC^2}{AB^2}$$

于是

$$\frac{弓形\ ACE + 弓形\ BCF}{弓形\ ABD} = \frac{AC^2 + BC^2}{AB^2} = 1$$

从而得知弯月亮的面积等于 $\triangle ABC$ 的面积。由于可以用规尺把 $\triangle ABC$ 化成等面积的正方形，所以可把弯月亮 $ACBD$ 用规尺化成等积的正方形。

(2) 若弯月亮的外弧上的弦 $AA_1 = A_1A_2 = \cdots = A_{n-1}A_n = A_{n-1}B$，满足

$AA_1^2 + A_1A_2^2 + \cdots + A_{n-1}A_n^2 = AB^2$，又 AA_1 弦在外弧上构成的弓形角与 AB 弦在内弧上构成的弓形角相等，则弯月亮可用规尺化成等面积正方形，见图 4。

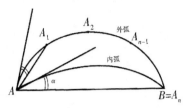

图 4

与（1）推理相似地可得外弧上的 n 个形的面积和等于内弧与 AB 弦组成的弓形面积，于是弯月亮的面积与多边形 $AA_1A_2 \cdots A_{n-1}A_n$ 的面积相等，而多边形 $AA_1A_2 \cdots A_{n-1}A_n$ 可以用规尺化成等面积的三角形，此三角形再用规尺化成等面积的正方形，于是终于用规尺把弯月亮形化成等面积的正方形。

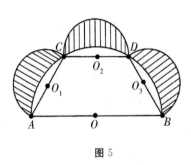

图 5

但并不是任何弯月亮形都可以用规尺化成等面积的正方形。例如图 5 中 AB 是大半圆直径，$AC = CD = DB$，则以 AC 为直径的半圆的面积加上三个弯月亮形的面积等于梯形 $ABDC$ 的面积，由于梯形可以规尺等积化方，所以三个弯月亮形加一个半圆可以规尺化方，而已知半圆不可规尺等积化方，所以这三个弯月亮形之和不可规尺化方，从而一个这种弯月亮不可规尺化方。

知识小链接

直接法求曲线方程

如果动点满足的几何条件本身就是几何量的等量关系，或这些几何条件简单明了且易于表达，那么我们只须把这些几何条件转化成含有变量的数值表达式，化简成曲线方程。

切分蛋糕

　　甲乙二人分食一块正三角形蛋糕，切一刀，每人吃其中一块。乙说蛋糕要由他来切，而且还要由他先挑。聪明的甲说同意，但要乙答应一个条件，条件是乙切蛋糕时刀刃必须经过甲指定的一点，设蛋糕的厚薄均匀，试问甲指定的点在何处才能使贪嘴的乙少占便宜？且问乙最多可以多吃多少蛋糕？

　　什么样的蛋糕乙占不着便宜？

　　有无一种形状的蛋糕，乙能得到比整个蛋糕的 $\frac{3}{4}$ 还多的部分？

　　如果是中心对称形蛋糕，甲把"指定点"取在对称中心上，则乙只能把蛋糕等分，不会切出一块大一块小的情形，这样甲就迫使乙的贪婪企图落空，只能二人等分了；当蛋糕是圆形、椭圆形、正方形或正六边形等形状时，就会发生上述形势，这时乙占不到便宜。

　　对于正三角形的情形，甲把指定点取在三角形的重心是最佳策略，见图1。

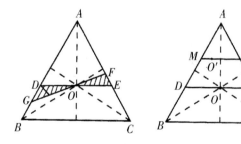

图1

　　△ABC 是长边为 1 的正三角形，则乙只能过重心 O 平行于 BC 来切，不然，若过 O 点沿其他方向 GOF 来切，则他至多得到四边形 $BCFG$，这块蛋糕比梯形 $DECB$ 少，事实上，△OGD 的面积比△OEF 的面积大。

如果甲把指定点定在 O' 处，$O' \neq O$，则乙过 O' 沿 BC 平行的方向 MN 来切分，则乙会多得到一块梯形 $MNED$。所以甲唯一的选择是把指定点取在 O 点。

无论什么形状的蛋糕，乙也得不到 75% 以上的蛋糕。事实上，任何形状的蛋糕，甲总能从其上指定一点及过此点的两垂直线，使得这两条垂线把蛋糕划分成各占 25% 的四块。如果把这两条垂线视为平面上的坐标轴，则乙过指定点（原点）怎么切，都有至少一个象限的那部分蛋糕未被切分，所以乙至多得 $\dfrac{3}{4}$，不会超过 75%。

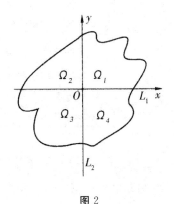

图 2

下面论证存在两垂直直线，把平面上任连通有界区域等分成四块，或曰，垂直切两刀，可把任意蛋糕等分成四块。

在平面上任意给定一个区域 Ω，见图 2，在 Ω 下方画一水平线 L，它与 Ω 无公共点，把 L 向上平移，存在 L_1 的一个唯一的位置，使得 Ω 在 L_1 的上方与下方的部分等面积；再在 Ω 的左方画一条与 L_1 垂直的直线 L_2，把 L_2 向右方平行，则存在 L_2 的唯一的位置，使得 Ω 在 L_2 两侧的部分等面积，于是

$$\Omega_1 + \Omega_2 = \Omega_3 + \Omega_4 \tag{1}$$

$$\Omega_1 + \Omega_4 = \Omega_3 + \Omega_2 \tag{2}$$

其中 Ω_1，Ω_2，Ω_3，Ω_4 表示 Ω 被 L_1，L_2 划分的四部分的面积。由（1）、（2）得 $\Omega_1 = \Omega_3$，$\Omega_2 = \Omega_4$。考虑差 $\Omega_1 - \Omega_2$，若 $\Omega_1 - \Omega_2 = 0$，则得 $\Omega_1 = \Omega_2 =$

$\Omega_3 = \Omega_4$，即蛋糕被四等分，若 $\Omega_1 - \Omega_2 \neq 0$，下面指出适当调整十字架（$L_1$ 与 L_2 构成的垂线）的位置，可以使得（1）、（2）满足且 $\Omega_1 - \Omega_2 = 0$。

不妨设 $\Omega_1 - \Omega_2 > 0$，Ω_1 是第一象限的 Ω 部分，当十字架连续变动位置，在全过程中保持（1）、（2）成立，且最后原点仍落在原点上，x 正半轴落在原 y 轴正半轴的位置，则 Ω 在第一象限的部分为 Ω_2，第二象限的部分为 Ω_3，而这时 $\Omega_1 = \Omega_3$，故 $\Omega_2 - \Omega_3 < 0$；在十字架的位置连续变化时，Ω 的第一象限的面积与第二象限的面积差也连续变化，今此差可取正亦可取负，所

以此差在十字架连续变动且（1）、（2）保持时，即第一、二象限之和与第三、四象限之和相等，第一、四象限之和与第二、三象限之和相等时，第一象限与第二象限的 Ω 之面积差可以取到零，这时四个象限的 Ω 的面积相等，即蛋糕被四等分。

▶ 立方装箱与正方装箱

对于每个长方体箱子，问能否用有限个体积两两不等的立方块装满此箱子？

这个问题的回答是否定的，即不管用什么样的有限个两两体积相异的小立方体装填此箱，总会有空隙。

事实上，若能用这种有限个小立方体装满此箱，则箱底那一层小立方块中的最小者不会靠着箱子的侧面，见图1、图2；若最小立方块 A 靠着箱子的

侧面，则其外侧的 B 处必然要用比 A 小的立方块来装填，这与 A 是底层中的最小立方块矛盾。于是第一层小立方体中最小立方体 A 的上方形成一个凹洞，压在 A 的顶上的那些小立方体中的最小者必不与凹洞侧边接触。于是出现在凹洞的中间部位必有一个比 A 更小的立方体 B，在 B 的上方形成凹洞，依此类推，会出现一串无穷个越来越小的立方体装在箱内，与装入的立方体有限矛盾。至此知用有限个相异的小立方体来装长方箱子是装不满的，不管这只箱子的长、宽、高是多少。

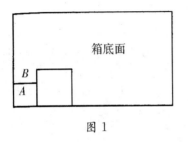
图 1

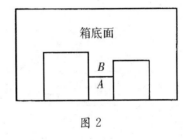
图 2

但对于二维情形，答案可以是肯定的。相应地，问题变成：把给定矩形划分成若干两两不相等的正方形。

1936 年，剑桥大学的布鲁克斯、史密斯、斯通和塔特给出下面两种实例，把 33×32 的矩形和 177×176 的矩形划成若干两两不等的正方形（见图 3、图 4，正方形内写的是其边长）。

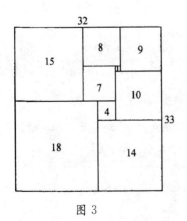
图 3

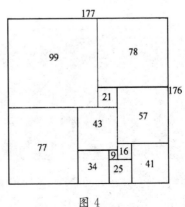
图 4

如果欲划分一个正方形成若干不等的小正方形，问题更困难一些。英国数学家威尔科克斯发现了把 175×175 的正方形划分成 24 个相异的小正方形的结果（见图 5）。

1964 年，滑铁卢大学的威尔逊博士（塔特的学生）用计算机找到了把 503×503 的正方形划分成 25 个两两互异的小正方形的结果，见图 6。

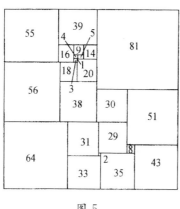

图 5

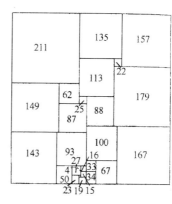

图 6

用计算机已经证实不可能把任何正方形划分成少于 20 个不同的小正方形，且这些小正方形中无排列组合成矩形的现象。

但对任意给定的正方形或矩形，把它划分成个数最少的不同的正方形，仍然是数学上有待进一步研究的课题。

知识小链接

二 维

在一个平面上的内容就是二维。二维即左右、上下两个方向，不存在前后。在一张纸上的内容可以看成是二维。即只有面积，没有体积。

🔖 糕点打包技术

顾客买了一盒点心，要求售货员把长方体点心盒用尼龙绳捆紧，以便提携。售货员至少有两种捆绑方式。

（1）正交十字法，如图1。O_1，O_2 是长方体上下底对角线的交点，十字架形尼龙绳在 O_1 与 O_2 两点打了死结，两个短形绳套相互垂直地捆紧点心盒之后，O_1，O_2 点以及两矩形都已固定，它们的

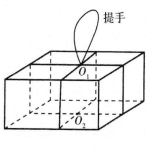

图 1

任何移动都会使捆绑的绳子变长，而尼龙绳是不易拉长的，所以这种包扎十分牢固。

（2）上下压角法，如图2。$ABCDEFGH$ 是捆扎的尼龙绳形成的空间八边形，EF 与 AB 两线段向下压，CD 与 GH 两线段向上压，欲使捆扎最紧，必须使上述空间八边形之周长最短，下面从展开图上来讨论，见图3。在展开图上，$ABCDEFGHA$ 应在一条直线上才能使所用尼龙绳最少，这条直线段"A…

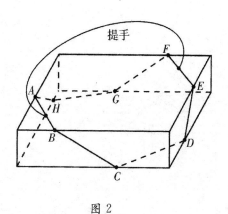

图 2

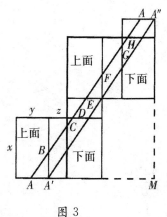

图 3

A'' 的极限位置是 $A'\cdots A''$，且 $A\cdots A /\!/ A'\cdots A''$。设 x，y，z 是盒子的长、宽、高，$z<x$，$z<y$，则 $\triangle A'MA''$ 是直角三角形，$A''M=2(x+z)$，$A'M=2(y+z)$，于是捆扎的总长为 $L=2\sqrt{(x+z)^2+(y+z)^2}$

L 是最短（最紧）的捆扎用绳。$A\cdots A$ 捆扎线与盒子棱的夹角之正切为 $\dfrac{x+z}{y+z}$ 和 $\dfrac{y+z}{x+z}$。

这种最优捆扎方式，其捆绳不但可以沿着自己的走向窜动，而且可以在盒表面平行移动。当然平行移动时应该压住上下底面的角，平行移动时，绳子总长不会变化。

在正交十字捆扎中，用绳 $2x+2y+4z$，而 $2x+2y+4z>2\sqrt{(x+z)^2+(y+z)^2}$，即上下压角法不仅式样新颖，而且用绳较少，两种方式都是牢靠的。

◆ 过 桥

普瑞格尔河流过哥尼斯堡城（现名加里宁格勒）市中心，河中有岛两座，筑 7 座古桥，如图 1 所示。每逢节假日，市民纷纷上岛消遣，老幼携扶，游玩散步，不知何日何人提出下面问题：请过每座桥只一次，再返回出发点。

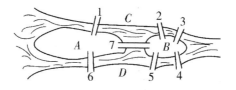

图 1

反复的奔走试行和失败，使人们对成功的可能发生疑惑，猜想问题无解，但又谁也说不清其中道理，于是有好事者去请教年轻的数学家欧拉，刚开始欧拉也看不出这是一个数学问题。1736 年，29 岁的欧拉把这一问题化成数学问题，严格地论证了上述"七桥问题"无解，并由此开创了图论与拓扑学的思维方式和诸多概念与理论。1736 年遂被公认为图论学科的历史元年，欧拉被尊为图论与拓扑学之父。

欧拉把 A，B，C，D 四块陆地抽象成四个点，当两地有一桥相通时，在两地相对应的点间连一曲线，此曲线之长短曲直并不介意，于是把图 1 的地图抽象成图 2 这种几何图形。把桥编号为 1 号桥，2 号桥，……，7 号桥。上岸记成 C，下岸记成 D，两岛分别为 A，B，如图 1，图 2。从图 2 我们看到，每个点 A，B，C，D 都和奇数条线段相连接。以 A 点为例，设 A 是出发点，不妨设通过 1 号桥远行，过一些时间通过 6 号桥返回 A，再通

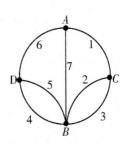

图 2

过 7 号桥远行，这时与 A 连通的 1 号桥、6 号桥和 7 号桥都已通行了一次，于是想回 A 已无桥允许通过了（因为约定每桥只过一次），所以 A 点不能做出发点，不然与 A 连接的桥都通过一次后是离开了 A 点，不能再返回 A 点了；对 B，C，D 也相似论证，可以知道这四点 A，B，C，D 都不能作为出发点，即七桥问题无解。

如果提议再建一些桥，最少建几座？建在何处？才能使每桥只过一次又能返回出发点。

上面的分析告知，如果某点与奇数条线段相连接，则该点不可做出发点；而一个点如果是"中转"点，则"进""出"的次数要相等，所以与奇数条线段相连接的点也不能作"中转"点，可见，若从一点出发每桥恰过一次再返回出发点必须每点处相连接的线段是偶数条，所以 A，B，C，D 之间要至少修两座新桥，才能使每点处都有偶数条线段相连。共有三种方式：A 与 C 之间、B 与 D 之间各建一座桥；或 A 与 D 之间、B 与 C 之间各建一座桥；或 A 与 B 之间、C 与 D 之间各建一座桥即可，见图 3。

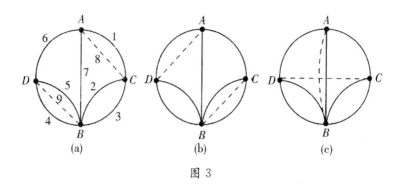

图 3

在图 3（a）上，例如从 A 出发再回到 A 的路线为：1—3—4—6—8—2—5—9—7。其中每个数码表示桥，这种路线不是唯一的。例如还可以按下面路线旅游：8—2—7—1—3—4—5—9—6，等等，以其他点为出发点的路线可相似地找到。在图 3（b）、图 3（c）两种情形也可类似解决。

如果不要求一定返回出发点，但要求每桥只过一次，这时的必要条件是至多一对点与奇数条线段连接。事实上，"中转"点皆与偶数条线段相连，如果仅有两个点与奇数条线段相连，则这两点可作为起止点，所以原来的 7 座桥即使不要求返回出发点也不能满足每桥只过一次的要求，因为有 4 个与奇数条线段连接的点。但若取图 3 中那 6 条虚线中的一条作为新桥，则会满足要求。

如果不采用上面所述欧拉创立的方式来讨论，那么需要普查 7 座桥的所有排列，即要审查 $\frac{1}{2} \times 7! = 2520$ 种情形，如果真的去考查这 2520 种方案每种旅游方案是否可行，真的要跑断腿累死人了！就是在地图上观察判断，也够费时和烦人的了，还是欧拉的招数绝妙。

◑ 排　座

开学之初，全班同学排座位，同桌至多坐 2 位同学，可能出现每张桌子都有 2 位同学，也有可能有一些桌子只安排一位同学。这正是数学上匹配与许配概念的原始模型之一。我们把有同桌同学的桌子组成的集合称为匹配集合，简称匹配。

把实际模型概括抽象后得出下面的匹配概念，它是离散数学的重要内容。

所谓图 G 的一个匹配，是指边子集 $M=\{e_1, e_2, \cdots, e_k\} \subseteq E(G)$，其中任两边无公共端点，匹配边被形象地称为"对儿集"或"鸳鸯集"，如果 G 中已无匹配 M'，使得 M' 中的边数比 M 的边数多，则称 M 是 G 的一个最大匹配；匹配 M 中一条边的两个端点称为在 M 中相配，每个端点称为被 M 许配；把 G 的每个顶点皆许配的匹配称为完备匹配。

（1）K_{2n} 与 $K_{n,n}$ 中完备匹配的个数。

K_{2n} 中任一顶点有 2_{n-1} 种被许配的方式，选定一种许配后，剩下的尚未许配的顶点有 $2(n-1)$ 个，它们在一个 $K_{2(n-1)}$ 中，相似地 $K_{2}(n-1)$ 中的任一顶点有 $2n-3$ 种许配方式，如此递推知 K_{2n} 中不同的完备匹配的个数是 $(2n-1)(2n-3)\cdots 3 \cdot 1 = (2_{n-1})!$ 个。

例如 K_{18} 中有 34459425 个不同的完备匹配。

对于 $K_{n,n}$，由于其任一顶点有 n 种许配方式，一旦选定一种许配后，还有 $2(n-1)$ 个顶点未被许配，这 $2(n-1)$ 个顶点在 $K_{n-1},n-1$ 中，递推地可知 $K_{n,n}$ 中不同完备匹配的个数是 $n!$

例如 $K_{10,10}$ 中不同的完备匹配的个数有 3628800。

（2）树上完备匹配不超过 1 个。

从上可知道，K_{18}，$K_{10,10}$ 这种不超过 20 个顶点的图中，不同的完备匹配的个数竟有百万千万之多，但也有的图类中，完备匹配个数极少，例如任一树，其上至多一个完备匹配。

事实上，树 T 上若有两个完备匹配 M_1 与 M_2，则从 $M_1 \bigcup M_2$ 中删去 $M_1 \bigcap M_2$ 中的边之后，所得的边子集不空，以这个边子集为边集，以这个边子集中边的端点组成顶集所成的子图（称为此边子集的导出子图）G 中每个顶点皆两次，故 G 中有圈，与 T 是树相违背，所以 T 上不会有两个不同的完备匹配 M_1 与 M_2，至多一个完备匹配；无完备匹配的树当然不少，例如奇数个顶的树上必无完备匹配。

> **基本小知识**
>
> ### 子　集
>
> 对于两个非空集合 A 与 B，如果集合 A 的任何一个元素都是集合 B 的元素，我们就说 $A \subseteq B$（读作 A 包含于 B），或 $B \supseteq A$（读作 B 包含 A），称集合 A 是集合 B 的子集。

▶ 分　糖

一群小孩围坐一圈分糖果，老师让他们每人先从糖罐中任取偶数块，再按下述规则调整：每人同时把自己手中的糖果分一半给自己右侧的小朋友，糖果的个数变成奇数的小孩向老师补要一块，经过有限次调整，大家的糖果是否可以变得一样多？

设某次调整前，糖果最多的人有 $2m$ 块糖果，最少者有 $2n$ 块糖果，$m > n$，那么调整后造成的结果是：

（1）每人的糖果数仍在 $2m$ 与 $2n$ 之间。

事实上，设调整前一孩子有糖果 $2k$ 块，而他左侧的孩子有糖果 $2h$ 块，因 $n \leqslant h \leqslant m$，$n \leqslant k \leqslant m$，调整后这孩子的糖果数变成 $k+h$，且 $2n \leqslant k+h \leqslant 2m$；当 $k+h$ 是奇数时，补一块变成 $k+h+1$ 块，仍有 $2n \leqslant k+h+1 \leqslant 2m$。

（2）原有 $2n$ 块以上糖果的人，调整后仍超过 $2n$。

事实上，若调整前一孩子有糖果 $2k$ 块，而他左侧孩子有糖果 $2h$ 块，又 $k > n$，即他原有的糖果超过 $2n$ 块，调整后这孩子的糖数至少 $k + h$ 块，又 $h \geq n$，故 $k + h > 2n$。

（3）至少有一位原来 $2n$ 块糖的孩子，调整后至少增加两块。

事实上，至少有一个孩子，其左侧孩子有 $2k > 2n$ 块糖果，调整后这孩子拿着 $n + k > 2n$ 块糖果，若 $n + k$ 为奇数，则变成 $n + k + 1$ 块，所以调整后比 $2n$ 至少多 2。

综上所述，①说调整后会使最大值变大；②说调整后不会产生新的有 $2n$ 块糖果的孩子；③则说，每调整一次，就至少减少一位有 $2n$ 块糖的孩子。可见有限次调整后，每个孩子的糖果数都会超过 $2n$ 块，而最大值不增，即最多者与最小者的差在减少，而差额有限，所以有限次调整之后，最多者与最少者的差额就不存在了，大家的糖果数均等。

我们抓住最少糖块数的增加，逐次缩小与最大糖块数的差距实现每人糖块数目的均等，不能指望用逐次降低最多糖块的数目来实现均等，也就是说，应该提高穷人的生活水平，不能用"杀富济贫"的办法均贫富。事实上，有最多糖果的孩子拿出一半给他右侧的孩子后，他还从其左侧的孩子处得到了一些。如果是奇数，老师还会给他添一枚糖果，所以可能得失相抵。例如下图中有 4 个孩子，每次调整，最大值 6 始终不变，由于最小值调一次至少增加 2，其中有一块可能是老师添的，最后大家都有 6 块糖。

趣味点击　糖的益处

许多研究人员研究证实，只要适量摄入，掌握好吃糖的最佳时机，糖对人体是有益的。如洗浴时，要大量出汗和消耗体力，需要补充水和热量，吃糖可防止虚脱；运动时，要消耗热能，糖比其他食物能更快提供热能等。

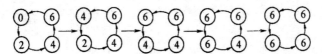

分 牛

一位老人害了重病，临终前，他将3个儿子全都叫到床前，立下了一份遗嘱。遗嘱里规定3个儿子能够分掉他的17头牛，但又规定：老大应得到总数的 $\frac{1}{2}$，老二应得到总数 $\frac{1}{3}$，而老三只能得到总数的 $\frac{1}{9}$。

老人去世后，兄弟3人聚在一起商量如何分牛。起先，他们以为这是一件非常容易的事，可是，他们商量来，商量去，商量了老半天，也没有找出一种符合老人规定的分法。因为17的 $\frac{1}{2}$ 是 $8\frac{1}{2}$，17的 $\frac{1}{3}$ 是 $5\frac{2}{3}$，17的 $\frac{1}{9}$ 是 $1\frac{8}{9}$，这3个数都不是整数！

而且，这种分法需要活活杀死2头牛，实际上是根本行不通的。

其实，即使是偷偷屠宰了2头牛也无济于事，因为 $8\frac{1}{2}+5\frac{2}{3}+1\frac{8}{9}=16\frac{1}{18}$，并没有能将17头牛全部分完，还会余下1头牛的 $\frac{17}{18}$。剩下的部分又该怎么办呢？这份遗嘱能够执行吗？

兄弟3人解决不了这个问题，去向许多有学问的人请教，大家聚在一起商量了老半天，也没有找出一种符合老人规定的分法。

一天，有个老农牵着1头牛从这家门口经过，听说了这件事，他想了一会儿，开口说道："这件事其实很容易。这样吧，我把这头牛借给你们，你们按总数的 $\frac{1}{2}$，$\frac{1}{3}$，$\frac{1}{9}$ 去分，分完后再把这头牛还给我就行了。"

兄弟3人决定按老农的分法去试一试。这时，他们手中共有18头牛，老大分 $\frac{1}{2}$，得9头；老二分 $\frac{1}{3}$，得6头；老三分 $\frac{1}{9}$，得2头，真是巧极了，这么一来，他们刚好分掉了自己家的17头牛，而且还余下1头，正好原封不动地还给那位老农。

这个难住了那么多人的数学问题，就在这变魔术似的一借一还中，干脆利落地给解决了。

这是怎么回事呢？原来，那位聪明的老农弄清了遗嘱的秘密。老人规定 3 个儿子各得 17 头牛的 $\frac{1}{2}$，$\frac{1}{3}$ 和 $\frac{1}{9}$，实际上，也就是要他们按这个比例去分配。把 $\frac{1}{2} : \frac{1}{3} : \frac{1}{9}$ 化成整数比是 9：6：2，而 9＋6＋2 又正好等于 17，所以，按照 9，6，2 这 3 个数字去分配，就正好符合遗嘱规定的分法。

那么，老农为什么又要借给兄弟 3 人 1 头牛呢？瞧，$\frac{1}{2} + \frac{1}{3} + \frac{1}{9} = \frac{17}{18}$，这个算式提醒人们，按照遗嘱的规定分牛，实际上是在分配 18 份中的 17 份。老农借出 1 头牛后，总数达到了 18 头，而 18 头的 $\frac{1}{2}$，$\frac{1}{3}$ 和 $\frac{1}{9}$ 正好是整数，他的分法就比较容易为大家所接受。

很清楚，无论借牛与不借牛，结果都是一样。当然，老农借出 1 头牛后，他就用不着多费口舌去解释其中的道理了。

◐ 鸡兔同笼

这个问题，是我国古代著名趣题之一。大约在 1500 年前，《孙子算经》中就记载了这个有趣的问题。书中是这样叙述的："今有鸡兔同笼，上有三十五头，下有九十四足，问鸡兔各几何？"这四句话的意思是：有若干只鸡兔同在一个笼子里，从上面数，有 35 个头；从下面数，有 94 只脚。求笼中各有几只鸡和兔？

解答思路是这样的：假如砍去每只鸡、每只兔一半的脚，则每只鸡就变成了"独角鸡"，每只兔就变成了"双脚兔"。这样，①鸡和兔的脚的总数就由 94 只变成了 47 只；②如果笼子里有一只兔子，则脚的总数就比头的总数多 1。因此，脚的总只数 47 与总头数 35 的差，就是兔子的只数，即 47－35＝12（只）。显然，鸡的只数就是 35－12＝23（只）了。

我们也可以采用列方程的办法：设兔子的数量为 X，鸡的数量为 Y。那么：

$$X+Y=35 ; 4X+2Y=94$$

可以得出：兔子为 12 只，鸡为 23 只。这一思路新颖而奇特，其"砍足法"也令古今中外数学家赞叹不已。这种思维方法叫化归法。化归法就是在解决问题时，先不对问题采取直接的分析，而是将题中的条件或问题进行变形，使之转化，直到最终把它归成某个已经解决的问题。

拓展阅读

《孙子算经》

《孙子算经》成书于四五世纪，作者生平和编写年代都不清楚。现在传本的《孙子算经》共三卷。卷上叙述算筹记数的纵横相间制度和筹算乘除法则，卷中举例说明筹算分数算法和筹算开平方法。

▶ 百鸡问题

中国古代数学家张丘建在名著《张丘建算经》中提出下面的百鸡问题：

"鸡翁一，值钱五；鸡母一，值钱三；鸡雏三，值钱一。百钱买百鸡。问鸡翁、鸡母、鸡雏各几何？"

张丘建生卒年代已不可考，唯知《张丘建算经》为我国古代十大算经之一，在隋朝该书已广为流传（与之齐名的另外九部算经是：《周髀算经》《九章算术》《数术记遗》《海岛算经》《孙子算经》《夏侯阳算经》《五曹算经》《五经算术》和《缉古算经》，统称《算经十书》），是我国隋唐时代颁布的"算学"教科书，亦是当时世界最高水平的数学经典。它记载着我国古代数学的辉煌成就，是唐代数学教育家李淳风、算学博士梁述和太学助教王真儒奉皇命审定注释成册的，完成于 656 年。

百鸡问题的数学模型如下：设 x，y，z 分别为鸡翁、鸡母和鸡雏的数目，则 x，y，z 应满足方程组

$$\begin{cases} 5x+3y+\dfrac{1}{3}z=100 \\ x+y+z=100 \end{cases}$$

其中 x，y，z 是非负整数。

消去未知数 z，x 与 y 应满足方程

$$7x+4y=100$$

因此 $y=\dfrac{100-7x}{4}=25-\dfrac{7x}{4}$。由于 y 表示母鸡的只数，它一定是正整数，因此 x 必须是 4 的倍数。我们把它写成：$x=4k$ $(k\in \mathbf{N})$。于是 $y=25-7k$。代入原方程组可得 $z=75+3k$，把上面三个式子写在一起，即

$$\begin{cases} x=4k \\ y=25-7k \\ z=75+3k \end{cases}$$

在一般情况下，当 k 取不同的数值时，可得到 x、y、z 的许许多多不同的数值，但是对于上面这个具体问题，由于 $k\in \mathbf{N}$，故只能取 1，2，3 三个取值，由此得到本题的三种答案。即

①公鸡 4 只，母鸡 18 只，小鸡 78 只；

②公鸡 8 只，母鸡 11 只，小鸡 81 只；

③公鸡 12 只，母鸡 4 只，小鸡 84 只。

趣味点击 各地关于鸡的风俗

古代汉族有"杀鸡"的岁时风俗，流行于浙江金华、武义等地。每年七月初七，当地民间必杀雄鸡，因为当夜牛郎、织女鹊桥相会，若无雄鸡报晓，便能永不分开。

⏻ 芦苇有多高

《九章算术》里有这样一道题：

"有一个方池，每边长一丈，池中央长了一棵芦苇，露出水面恰好一尺，把芦苇的顶端引到岸边，苇顶和岸边水面刚好相齐，问水深、苇长各多少？"

设池宽 $ED=2a=10$ 尺，C 是 ED 的中央，那么，$DC=a=5$ 尺，生长在池中央的芦苇是 AB，露出水面的部分 $AC=1$ 尺。而 $AB=BD$，设 $BD=c$，水深 $BC=b$，$\triangle BDC$ 是一个勾股形，显然 $AC=AB-BC=c-b=1$ 尺，AC 的长等于勾股形中弦和股的差，称为股弦差。于是，问题就变：已知勾股形的勾长和股弦长，求股长和弦长。

由勾股定理得

$$a^2=c^2-b^2$$

那么，

$$
\begin{aligned}
a^2-(c-b)^2 &=c^2-b^2-(c-b)^2 \\
&=c^2-b^2-(c^2-2bc+b^2) \\
&=2bc-2b^2 \\
&=2b(c-b)
\end{aligned}
$$

所以

$$b=\frac{a^2-(c-b)^2}{2(c-b)} \tag{1}$$

$$c=b+(c-b) \tag{2}$$

将 a，$c-b$ 的数值代入 (1)、(2) 两式，很容易求出水深 $b=12$ 尺，苇长 $c=13$ 尺。

巧分奖金

一笔奖金分为一等奖、二等奖、三等奖，每个一等奖的奖金是每个二等奖奖金的 2 倍，每个二等奖的奖金是每个三等奖奖金的 2 倍。如果评一、二、三等奖各 2 人，那么一等奖的奖金是 308 元，如果评 1 个一等奖，2 个二等奖，3 个三等奖，那么一等奖的奖金是多少元？

你知道吗

奖 金

奖金是一种工资形式，其作用是对与生产或工作直接相关的超额劳动给予报酬。奖金是对劳动者在创造超过正常劳动定额以外的社会所需要的劳动成果时，所给予的物质补偿。同时也是前苏联的一部电影的名称。

解答：

每个二等奖相当于 2 个三等奖；每个一等奖相当于 2×2 个三等奖。

如果 1 个一等奖是 308 元，那么 1 个三等奖是 308÷4＝77（元）；1 个二等奖是 77×2＝154（元）。

评一、二、三等奖各 2 个，共需发奖金：

$$(2×4＋2×2＋2)×77＝1078（元）$$

评 1 个一等奖，2 个二等奖，3 个三等奖相当于 1×4＋2×2＋3＝11（个）三等奖，故知每个三等奖的奖金是：

$$1078÷11＝98（元）$$

每个一等奖的奖金是：

$$98×4＝392（元）$$

分桃子

美籍华人物理学家李政道曾给中国科技大学少年班的同学出了一道有趣的数学题：

有 5 只猴子分一堆桃子，怎么分也分不公平，便都去睡觉了，决定明天再分。半夜里，有一只猴子偷偷起来，扔掉了 1 个桃子，再分时，正好分成 5 等份，它把自己的一份收藏好，睡觉去了。第二只猴子起来，又偷偷扔掉 1 个桃子，又恰好分为 5 等份，它把自己的一份收藏好后，也睡觉去了。以后，第三、第四、第五只猴子也都是一样，即都扔掉 1 个桃子后，还能分成 5 等份。请问，5 只猴子分的这堆桃子一共有多少个？

我们分析一下，如果这堆桃子的个数可以被五只猴子平分 5 次，每次都可以分成 5 等份，那么这堆桃子的个数至少要有：

$$5 \times 5 \times 5 \times 5 \times 5 = 3125 \text{（个）}$$

知识小链接

李政道

李政道，1926 年生，江苏苏州人。1957 年，31 岁时他与杨振宁一起，因发现弱作用中宇称不守恒定律而获得诺贝尔物理学奖。他们的这项发现，由吴健雄的实验证实。李政道和杨振宁是最早获诺贝尔奖的华人。

但是，现在的桃子总数是不能被 5 整除的，必须减去 1 才可以被 5 整除。这个数可以是

$$3125 + 1 = 3126 \text{（个）}$$

但又要求 5 次 5 等份之前都要减少 1，一共减去 5 个，即

$$3126 - 5 = 3121 \text{（个）}$$

经验证，这个数字是合乎题意的。所以，这堆桃子至少有 3121 个。

❖ 瞎子看瓜

有一个瞎子把 6 筐西瓜摆成一个三角形,自己坐在中间。一共是 24 个西瓜,每排是 9 个。他每天摸一次,只要每排 3 个筐里的西瓜一共是 9 个,他就放心了。没想到,他的邻居跟他开了一个玩笑,第一天偷出了 6 个,第二天又偷出了 3 个,一共少了 9 个西瓜,而瞎子却一点儿也没有发现。这是怎么回事?

原来,这个邻居通过改变每筐里的西瓜数,而使每排西瓜总数仍保持 9 个,这样瞎子以为西瓜没有丢,实际上西瓜已经少了。

❖ 把 250 个苹果巧装到 8 个篮子

问题是这样的:假设每只篮子的容量都足够大,可以让你装入 250 只以内的任意数量的苹果,怎样把 250 只苹果巧装在 8 只篮子里,然后不管你要多少个苹果,都不需要一个个地数,只要拿几只篮子就可以了。

怎样才能做到呢?仔细思考一下,也就是如何把 250 分解成 8 个数的和,使得 1~250 之间的每个自然数都可以用这 8 个数中若干个数的和来表示。

我们首先把 8 只篮子进行编号①、②、③、…⑧,然后依次装入 1、2、4、8、16、32、64、123 只苹果,这样 250 只苹果刚好全部装进去。现在,不论我们要拿多少只苹果,只要计算一下,然后拿几只篮子就可以了。例如 55=32+16+4+2+1,因此只要拿走①②③④⑤⑥号篮子,就正好是 55 只苹果。不信的话,你可以试试看,1~250 所有的数字,都可以不重复地由上面 8 个数字相加得到。

答案还不止这一个,例如,如果⑦号篮子改成装 62 只,⑧号装 125 只,其余的不变，这也是一个正确的答案。

但是，如果苹果的数目是 255 只，那么答案便只有一个：

$1+2+4+8+16+32+64+128=255$

为什么要这样来分解数字呢？这是依据二进制原理。

我们来看看十进位制和二进位制之间的换算。例如 55，是 32、16、4、2、1 的和，用二进位制表示就是 110 111。而 110 111 换算成十进制等于

$1×2^0+1×2^1+1×2^2+0×2^3+1×2^4+1×2^5$

$=1+2+4+16+32=55$

现在我们容易理解上面问题的答案了，分解的数字分别为 2^0、2^1、2^2、2^3、2^4…，因为这样分解以后，每一个篮子也就相当于二进位制的每一位，它只有两种选择：1 和 0，也就是说这个篮子是"要拿"还是"不要拿"。而拿的篮子的只数也正是二进位制数从右向左数的位数，例如 55 就等于二进位制的 111111，也就是如果拿第 1、2、3、5、6 只篮子，就正好拿了 55 只苹果，与上面的答案相同。

艺术中的数学

　　提起数学和艺术，两者似乎有些风马牛不相及，然而它们之间实质上却是紧密联系，不可分割的。正因为如此，我们往往能够在艺术作品上看见数学的影子。

　　无论是建筑艺术、绘画艺术还是音乐艺术等，可以说凡是艺术都离不开数学的存在，所以埃及金字塔、巴黎圣母院，才有了"圆极限"系列画作，也才有了诸多乐器、乐曲等。

　　由此可见，数学与艺术的关系并不是认为添加的勉强联系，是艺术诠释了数学的抽象，使它变得更加生动有趣；而启发甚至引领了艺术，使之丰富多彩。

　　正是数学与艺术的完美结合，才让生活以及这个世界拥有更多的辉煌。

数学是一门艺术

数学在很大程度上是一门艺术，数学美表现为对称、和谐、简洁和奇异，是一种理性的美。数学理论和艺术形象的形成都是选择、提炼、集中、概括、典型化、理想化的过程。

科学和艺术殊途同归，是人类认识自然和自身的两种强有力的手段。它们的共同目标是追求真、善、美。史前刚刚萌芽的数学与艺术就有不解之缘。各国出土的原始彩陶纹样，早期偏重于写实，后来逐渐发展成连续、对称、均衡的几何图形。从我国20世纪60年代发现的西安半坡村人面鱼纹彩陶便可看出，原始先民已经具备了"利用圆的两条直径相互垂直等分圆的进步的几何学与数学知识"。古希腊毕达哥拉斯学派十分推崇"黄金分割"，将它广泛用于建筑和雕塑艺术。文艺复兴时期的伟大画家达·芬奇兼通数学，他以精确的透视和"神圣的比例关系"创造了许多举世名作。达·芬奇认为，世界上一切美的事物，都应服从黄金比，而且确信，只有把画家的气质与数学结合在一起，才能创造出真正的艺术。当代艺术大师毕加索把立体几何融入绘画，进行了艺术生涯中又一次划时代的变革，为西方现代艺术树立了20世纪的里程碑。最有趣的是，今天，数学和艺术又在电子计算机绘画上接轨，由解析函数迭代产生的分形图案变化万端，美丽神奇。数学为艺术和艺术家的成功开辟了新的天地。数学是科学，这是毋庸置疑的，数学的研究对象是现实世界（包括客观世界和主观世界）的"数量关系和结构关系"，"数学是关于模式和秩序的科学"。

艺术的对象是人生，是人类生活的总体。这个总体，不仅是生活的外部形态，也包括人的精神世界。数学创造，同别的科学一样，是一个理论体系；而艺术创造得到的是艺术形象。然而，数学和艺术都从不同角度描绘世界。数学家从中发现本质，艺术家从中获取素材，追求一种适宜的美的构成，把自己的审美意识"物化"于被改造的对象中，将对象升华为具有普遍意义的典型。这里"物化"过程中承担主体意识的载体：对艺术而言，是一定的物质材料，比如，雕塑所用的石头；对数学来讲，可以认为是"逻辑材料"。借鉴艺术，我们可以说，数学也是"在精神与物质材料，心灵和审美对象相互作用、相互结合的情况下，充满激情与活力的创造性劳动"的结晶。雕塑家加工顽石，数学家加工逻辑材料，罗伯特·维纳把两者做一比较，提出："数学家的工作同艺术家的工作倒是十分相似的。"

数学与艺术相似，还在于它的自由创造。艺术家可以在精神王国里自由地寻找，发现、提取美，结合意象，自由地创造意境，选择艺术语言和方法。当然，这种自由是对必然的认识，不是为所欲为。艺术家们可继承欧洲"摹仿"自然和强调形式美的写实传统，可追求中国绘画"神似"的意境，亦可探索康定斯基和蒙得里安式的抽象构图。数学与其他科学一样，研究自然和社会，但从 19 世纪末以来，人们越来越注意到它的"人为性"，数学家们感到有一种创造任意结构的自由。这种结构似乎与实际毫不相干，大大超出了科学技术发展的需要，对于潜在的应用也相当遥远，以至于人们认为有必要重新认识数学。康托称"数学的本质在于自由"；M. 克莱因认为："数学应当包含那些并不是直接或间接地由于研究自然界的需要产生出来的任意结构。"巴拿赫与希尔伯特空间等都是数学家自由创造的结果，这些"思维创造物"自身是完美、和谐的，至少具有审美价值。它们还能有效地解决数学上的重大问题和应用于实际。比如，抽象群论揭示了代数方程的奥秘，对几何学的不同分支做了科学的分类，并成功地应用于基本粒子物理学。这种"自由"同于艺术，而其他科学是无法比拟的。

数学创造的思维形式主要是逻辑思维，而艺术则是形象思维，数学也需要幻想，"没有它就不能发现微积分"。艺术也需要推理和判断，有一种唯理的冷抽象艺术，往往体现出数学式理性思维的意味。

直觉是数学也是艺术认识的起点，对事物本质的把握都要经过感性认识到理性认识的过程，其中灵感引起人们特别的关注。数学和艺术创造都需要灵感，灵感出现时创作主体的心态，恰如巴乌托夫斯基所描述："像一种魅人的乐器般微妙、精确，对一切，甚至生活最隐秘最细微的声音都能共鸣。" 1843 年 10 月 16 日哈米尔顿散步时思维电路突然接通，灿烂的火花瞬时迸发，导致他发明了"四元数"，这同托尔斯泰看到一朵断了的牛蒡花，突然来了一道思维闪电，产生了哈泽·穆拉特的中篇小说的构思多么相似！贝京在《艺术与科学》一书中指出："艺术是有激情的，艺术离不开幻想。""甚至像数学这种严密的科学也离不开幻想与激情。"正因为如此，有人认为，要成为完美的数学家，首先要成为心灵的诗人。

数学和艺术是按照美的规律进行创造的实践活动，根据科学技术是生产力，文学艺术是"精神生产"的观点，它们又都是人类能动的、创造性的实践力生产出来的产品。数学和艺术是相通的、相似的，尽管数学既是科学，又是艺术；数学家既是科学家，又是艺术家的讨论还有待于进一步深入，但可以肯定数学至少具有一定的艺术性质，正如波莱尔所说："数学在很大程度上是一门艺术，它的发展总是起源于美学原则，受其指导，据以评价的。"

拓展思考

数学的意义

数学作为人类思维的表达形式，反映了人们积极进取的意志、缜密周详的逻辑推理及对完美境界的追求。它的基本要素是逻辑和直观、分析和推理、共性和个性。虽然不同的传统学派可以强调不同的侧面，然而正是这些互相对立的力量的相互作用，以及它们综合起来的努力，才构成了数学科学的生命力。

◑ 拓扑学

简单地说，拓扑学就是研究有形的物体在连续变换下，怎样还能保持性质不变。

几何拓扑学是 19 世纪形成的一门数学分支，它属于几何学的范畴。有关拓扑学的一些内容早在 18 世纪就出现了。那时候发现的一些孤立的问题，在后来拓扑学的形成中占着重要的地位。

在数学上，关于哥尼斯堡七桥问题、多面体的欧拉定理、四色问题等都是拓扑学发展史的重要问题。

前面我们在"过桥"一节中详细讨论了"七桥问题"，最后欧拉得出结论——不可能每座桥都走一遍，最后回到原来的位置，并且给出了所有能够一笔画出来的图形所应具有的条件。

在拓扑学的发展历史中，还有一个著名而且重要的关于多面体的定理也和欧拉有关。这个定理内容是：如果一个凸多面体的顶点数是 v、棱数是 e、面数是 f，那么它们总有这样的关系：$f+v-e=2$。

根据多面体的欧拉定理，我们可以得出这样一个有趣的事实：只存在五种正多面体。它们是正四面体、正六面体、正八面体、正十二面体、正二十面体。

著名的"四色问题"也是与拓扑学发展有关的问题。四色问题又称四色猜想，是世界近代三大数学难题之一。

四色猜想的提出来自英国。1852 年，毕业于伦敦大学的弗南西斯·格思里来到一家科研单位做地图着色工作时，发现了一种有趣的现象："看来，每幅地图都可以用四种颜色着色，使得有共同边界的国家都被着上不同的颜色。"

1872 年，英国当时最著名的数学家凯利正式向伦敦数学学会提出了这个问题，于是四色猜想成了世界数学界关注的问题。世界上许多一流的数学家都纷纷参加了四色猜想的大会战。1878—1880年，著名律师兼数学家肯普和泰勒两人分别提交了证明四色猜想的论文，宣布证明了四色定理。但后来数学家赫伍德以自己的精确计算指出肯普的证明是错误的。不久，泰勒的证明也被人们否定了。于是，人们开始认识到，这个貌似容易的题目，其实是一个可与费马猜想相媲美的难题。

进入20世纪以来，科学家们对四色猜想的证明基本上是按照肯普的想法在进行。电子计算机问世以后，由于演算速度迅速提高，加之人机对话的出现，大大加快了对四色猜想证明的进程。1976年，美国数学家阿佩尔与哈肯在美国伊利诺斯大学的两台不同的电子计算机上，用了1200个小时，做了100亿判断，终于完成了四色定理的证明。不过不少数学家并不满足于计算机取得的成就，他们认为应该有一种更简洁的书面证明方法。

上面的几个例子所讲的都是一些和几何图形有关的问题，但这些问题又与传统的几何学不同，而是一些新的几何概念。这些就是"拓扑学"的先声。拓扑学最初是几何学的一个分支，主要研究几何图形在连续变形下保持不变的性质，现在已成为研究连续性现象的重要的数学分支。

拓扑学起初叫形势分析学，是莱布尼茨1679年提出的名词。19世纪中期，黎曼在复函数的研究中强调研究函数和积分就必须研究形势分析学，从此开始了现代拓扑学的系统研究。

拓扑学是从图论演变过来的，它将实体抽象成与其大小、形状无关的点，将连接实体的线路抽象成线，进而研究点、线、面之间的关系。网络拓扑通过结点与通信线路之间的几何关系来表示网络结构，反映出网络中各个实体之间的结构关系。拓扑设计是建设计算机网络的第一步，也是实现各种网络协议的基础，它对网络性能、可靠性与通信代价有很大影响。网络拓扑主要是指通信子网的拓扑构型。

拓扑性质有哪些呢？首先是拓扑等价。在拓扑学里不讨论两个图形全等的概念，但是讨论拓扑等价的概念。比如，尽管圆和方形、三角形的形状、大小不同，在拓扑变换下，它们都是等价图形。换句话讲，就是从拓扑学的角度看，它们是完全一样的。

在一个球面上任选一些点用不相交的线把它们连接起来，这样球面就被这些线分成许多块。在拓扑变换下，点、线、块的数目仍和原来的数目一样，这就是拓扑等价。一般来说，对于任意形状的闭曲面，只要不把曲面撕裂或割破，它的变换就是拓扑变换，就存在拓扑等价。

应该指出，环面不具有这个性质。把环面切开，它不至于分成许多块，只是变成一个弯曲的圆桶形。对于这种情况，我们就说球面不能拓扑的变成环面。所以球面和环面在拓扑学中是不同的曲面。

其次，直线上的点和线的结合关系、顺序关系，在拓扑变换下不变，这是拓扑性质。在拓扑学中曲线和曲面的闭合性质也是拓扑性质。

我们讲的平面、曲面通常有两个面，就像一张纸有两个面一样。但德国数学家莫比乌斯（1790—1868）在1858年发现了莫比乌斯曲面。这种曲面就不能用不同的颜色来涂满两个侧面。

拓扑学建立后，由于其他数学学科的发展需要，它也得到了迅速发展。特别是黎曼创立黎曼几何以后，他把拓扑学概念作为分析函数论的基础，更加促进了拓扑学的发展。

20世纪以来，集合论被引进了拓扑学，为拓扑学开拓了新的面貌。拓扑学的研究就变成了关于任意点集的对应的概念。拓扑学中一些需要精确化描述的问题都可以应用集合来论述。

因为大量自然现象具有连续性，所以拓扑学具有广泛联系各种实际事物的可能性。通过拓扑学的研究，可以阐明空间的集合

你知道吗

黎 曼

黎曼是德国数学家，对数学分析和微分几何做出了重要贡献。他初次登台做了题为"论作为几何基础的假设"的演讲，开创了黎曼几何，并为爱因斯坦的广义相对论提供了数学基础。他在1857年升为格丁根大学的编外教授，并在1859年狄利克雷去世后成为正教授。

结构，从而掌握空间之间的函数关系。20 世纪 30 年代以后，数学家对拓扑学的研究更加深入，提出了许多全新的概念。比如，一致性结构概念、抽象距概念和近似空间概念等。有一门数学分支叫微分几何，是用微分工具来研究曲线、曲面等在一点附近的弯曲情况，而拓扑学是研究曲面的全局联系的情况，因此，这两门学科应该存在某种本质的联系。1945 年，美籍中国数学家陈省身建立了代数拓扑和微分几何的联系，并推进了整体几何学的发展。

拓扑学发展到今天，在理论上已经十分明显分成了两个分支。一个分支是偏重于用分析的方法来研究的，叫点集拓扑学，或者叫作分析拓扑学；另一个分支是偏重于用代数方法来研究的，叫代数拓扑。现在，这两个分支又有统一的趋势。

✦ 黄金分割

把一条线段分割为两部分，使其中一部分与全长之比等于另一部分与这部分之比。其比值是 $\dfrac{5^{(\frac{1}{2})}-1}{2}$ 或 $\dfrac{\sqrt{5}-1}{2}$，取其前三位数字的近似值是 0.618。由于按此比例设计的造型十分美丽，因此称为黄金分割，也称为中外比。这是一个十分有趣的数字。

相传黄金分割是在公元前 6 世纪由古希腊哲学家、数学家毕达哥拉斯学派在五角星中发现的。有一则轶事，说毕达哥拉斯学派的一个成员流落异乡，贫困交加，无力酬谢房主的殷勤照顾，临终时要求房主在门前画一个五角星。若干年后，有同派的人看到这个标志，询问事情的经过后，厚报房主离去。从此，五角星被认为是毕达哥拉斯学派兄弟关系的标志。这个五角星是一个典型的几何图形，它是由一个五边形的对角线所组成的。如果再仔细观察，五条对角线交叉构成了另外一个五边形。如果我们绘出第二个五边形的对角线，刚才的情况会再次出现。图中各条线段的彼此分割具有稳定性和平衡性。组成五角星的线段，也就是正五边形的对角线，按照一种值得注意的比例相互分割。欧几里得把这一比例称为最大限度的、平凡的比例。在这一比例中，整个线段与其中较长部分的比例和较长部分与较短部分的比例相同，这种关系在如此分割的任何长度的线段中都会出现。这样的分割就称为"黄金分割"，古希腊哲学家柏拉图将其命名为"黄金比"。

我们曾见过很多数学里的黄金比 φ，它的数值是 $\dfrac{1+\sqrt{5}}{2}$。例如，在代数中有下列情况：

（1）方程 $x^2-x-1=0$ 的正根是 $\varnothing$。

（2）一个比它的倒数大 1 的正数是 $\varnothing$。

（3）无穷表达式 $\sqrt{1+\sqrt{1+\sqrt{1+\sqrt{1+\cdots}}}}$ 的值是 $\varnothing$。

（4）连分数 $1+\cfrac{1}{1+\cfrac{1}{1+\cfrac{1}{1+\cdots}}}$ 的值是 $\varnothing$。

黄金比也出现在线段的研究中，现在列举如下两种情况：

（1）正五边形的对角线与它的边的比是 $\varnothing$。

（2）如果把一条已知线段分为两部分，其中长的那一部分与短的那一部分的比等于线段的全长与长的那一部分的比，那么，这个比是 $\varnothing$。

黄金分割也被广泛应用在建筑设计、美术、音乐、艺术等方面。例如，在设计工艺品或日用品的宽和长时，常设计成宽与长的比近似为 0.618。在拍照时，常把主要景物摄在接近画面的黄金分割点处，会显得更加协调、悦目；舞台上的报幕员站在舞台宽度的黄金分割点的位置时最美观，音响效果最佳等。

文艺复兴时期的欧洲，由于绘画艺术的发展，促进了对黄金分割的研究。当时，出现了好几个身兼几何学家的画家，著名的有帕奇欧里、丢勒、达·芬奇等人，他们把几何学上图形的定量分析用到一般绘画艺术，从而给绘画艺术确立了科学的理论基础。

黄金分割在工厂里也有着普遍的应用。例如，"优选法"中常用的

"0.618法"就是黄金分割的一种应用。优选法是中国著名数学家华罗庚教授发明的。它利用反复在线段上取黄金分割点的方法做实验，能较快地找到最佳方案，减少实验次数，节约实验经费。这种方法被广泛地应用于生产与科学研究中，创造了很大的经济价值。

黄金分割与人的关系相当密切。例如，地球表面的纬度范围是 $0°\sim90°$，对其进行黄金分割，则 $34.38°\sim55.62°$ 正是地球的黄金地区。无论从平均气温、年日照时数、年降水量、年相对湿度等方面看，都是具备适于人类生活的最佳地区。说来也巧，中国的中原地带也正巧处在这一区域。中原地带历史悠久，英雄辈出，也是历史上群雄并起的兵家必争之地，在中国的历史上留下了许多动听和令人赞叹的史实。

北半球大陆的气温基本上是 1 月最冷，7 月最热，而 1～7 月份的黄金分割点是 4 月、7 月；若对 7 月至下一年的 1 月进行黄金分割，其黄金分割点是9 月、3 月，而实际上每年的 4 月、5 月和 9 月、10 月也的确是人们选择外出旅游的好季节。

拓展阅读

毕达哥拉斯学派

毕达哥拉斯学派亦称"南意大利学派"，是一个集政治、学术、宗教三位于一体的组织。毕达哥拉斯学派由古希腊哲学家毕达哥拉斯所创立，产生于公元前 6 世纪末，公元前 5 世纪被迫解散，其成员大多是数学家、天文学家、音乐家。它是西方美学史上最早探讨美的本质的学派。

人的身体结构与黄金分割也有十分令人惊叹的密切关系。人的肚脐上与肚脐下的长度比恰为 $0.618：1$；咽喉至头顶与咽喉至肚脐的长度之比也为 $0.618：1$，膝盖至脚后跟与膝盖至肚脐的长度之比还是 $0.618：1$；肘关节至肩关节与肘关节至中指尖的长度之比仍为 $0.618：1$。由此可见，人体存在着肚脐、咽喉、膝盖、肘关节四个黄金分割点。

黄金分割在文艺复兴前后，经过阿拉伯人传入欧洲，受到了欧洲人的欢迎，他们称之为"金法"，17 世纪欧洲的一位数学家，甚至称它为"各种算法中最宝贵的算法"。这种算法在印度被称为"三率法"或"三数法则"，也就是我们现在常说的比例方法。

其实有关"黄金分割"，我国也有记载。虽然没有古希腊的早，但它是我国古代数学家独立创造的，后来传入了印度。经考证，欧洲的比例算法是源于我国而经过印度由阿拉伯传入欧洲的，而不是直接从古希腊传入的。

黄金矩形的长宽之比为黄金分割率，换言之，矩形的长边为短边的 1.618 倍。黄金分割率和黄金矩形能够给画面带来美感，令人愉悦。在很多艺术品以及大自然中都能找到它。希腊雅典的巴特农神庙就是一个很好的例子，达·芬奇的《维特鲁威人》符合黄金矩形，《蒙娜丽莎》的脸也符合黄金矩形，《最后的晚餐》同样也应用该比例布局。

▶ 克莱因瓶

20 世纪 70—80 年代赵世熙的经典小说《矮子打上来的小球》，由 12 篇系列小说构成，其中第 11 篇小说"克莱因瓶"和第 1 篇小说"莫比乌斯带"尤以采用了数学题材而著名。

"克莱因瓶"是德国数学家克莱因发明的，它是用上下通口的圆桶制作的。正如右图所示，人从侧面钻进去将瓶的上下两面黏合起来，从而用三维的圆桶制作出四维立体的克莱因瓶。这与用二维直角四边形带，两头扭转黏合在一起制成三维立体的"莫比乌斯带"相类似。

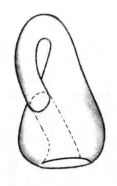

对这个瓶子来说，里就是外，外就是里。因为它不分里外，所以不能说瓶的内部被堵住，而人被关在这里也毫无意义，只要顺着墙壁向外走即可走出。

克莱因瓶

➤ 《爱丽丝镜中奇缘》的数学奥秘

《爱丽丝漫游奇境》的作者卡洛尔与伊索、安徒生并称为世界三大童话家。卡洛尔是他的笔名，其原名为查尔斯·勒特威奇·道奇森，曾是牛津大学的数学家，然而最终却凭借《爱丽丝漫游奇境》以童话作家的身份名声远扬。

继《爱丽丝漫游奇境》取得成功之后，续作《爱丽丝镜中奇缘》也随之问世。在这部小说中，有对爱丽丝被红桃女王追捕时拼命逃跑的场面的描写。尽管费尽力气、气喘吁吁地跑了好一会儿，但她还是在原地打转。幡然醒悟的她这样问道：

"我们的国家现在如果像我这样努力奔跑的话，能够发展到什么程度？"

对此，红桃女王回答说：

"你们的国家发展迟缓，用尽全力跑的结果还是和你一样在原地踏步。"

在一般世界里"速度＝距离÷时间"，所以，速度越快，在单位时间内跑的距离也越长。但镜中的世界却与此相反，被设定为"速度＝时间÷距离"，也就是说，速度越快，所走的距离越短，达到一定速度则会原地不动。这让人不得不赞叹，作者不愧是数学家，他细心地把所有的东西都进行了反向设定，而《爱丽丝镜中奇缘》也因此而尽显文学的想象力。

➤ 正方形的维纳斯

据说，著名的维纳斯雕像之所以美，是因为她的上半身和下半身的长度是按黄金比分配的。为此，我们取一个正方形 ABCD，现在作一个半圆，使它的直径正好在正方形一边 CD 的延长线上，圆周正好通过正方形另两个顶点 A 和

B，此时直径为 MN。那么 C 点把 DN 黄金分割，D 点把 MC 黄金分割。

因为 MN 为半圆的直径，所以

$$BC^2 = MC \cdot CN \tag{1}$$

∵ $ABCD$ 为正方形

∴ $BC = DC$

$$DC^2 = MC \cdot CN \tag{2}$$

由于图形的对称性，所以

$$MD = CN$$

$$MC = DC + MD = DC + CN \tag{3}$$

由（2）式和（3）式，得

$$DC^2 = (DC + CN) \cdot CN$$

$$∴ \frac{CN}{DC} = \frac{DC}{DN}$$

因此 C 为 DN 的黄金分割点，同样可以证明 D 为 MC 的黄金分割点。

知识小链接

维纳斯

维纳斯是古代罗马神话故事中的女神，相对应于希腊神话的阿芙罗狄忒，小爱神丘比特就是她的儿子。拉丁语的"金星"和"星期五"等词都来源于此。维纳斯也出现在诸多经典文学作品和西方油画里。影响力最大的艺术品是 1820 年在爱琴海米洛斯岛的山洞中发现的维纳斯雕像。

▶ 正 20 面体上的剪纸艺术

姐姐用纸片剪出 20 个全等的正三角形，粘成一个正 20 面体，她把剪刀递给妹妹，要求妹妹把这个正 20 面体剪成两部分，而且每个面也剪成两部分，剪痕又不能通过正 20 面体的顶点。

聪慧的妹妹把正 20 面体每个面那个正三角形的重心找到，再从重心引三边的垂线段，于是形成下图所示的图形，每个顶点附近都呈现这种形象。于是妹妹画出的恰是以正 20 面体各面重心为顶点的一个正 12 面体。已经从哈密顿周游世界的游戏当中知道，正 12 面体上有一条哈密

趣味点击　剪纸

剪纸又叫刻纸，是中国汉族最古老的民间艺术之一，它的历史可追溯到公元 6 世纪。剪纸是一种镂空艺术，其在视觉上给人以透空的感觉和艺术享受。其载体可以是纸张、金银箔、树皮、树叶、布、皮、革等片状材料。

顿圈，她用剪刀沿正 12 面体上的一条哈密顿圈剪一圈，则把正 20 面体剪成两片，且正 20 面体的每个面也剪成了两片。

正 20 面体与正 12 面体的这种"我面中心你之顶，你面中心我之顶"的现象称为两个正多面体的对偶关系。

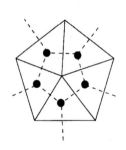

正六面体与正八面体是一对对偶关系图。

一个正 20 面体存在唯一的内接正 12 面体，此内接正 12 面体上又唯一的内接一个正 20 面体，两种正多面体无穷次交替地镶嵌在一起，形成一种极其规则、极其匀称的空间结构。对偶的正六面体与正八面体也会构成如此动人的框架结构。

名画算术题

俄国著名画家别尔斯基曾经在 1895 年画了一幅题为《口算》的名画。画中是一位老先生在教一群村童做口算：这群天真可爱的学生呈现各式的深思姿态（其中一位正与老先生耳语），老先生安坐在黑板前，黑板上写有下面这

样一道算术题——：

$$\frac{10^2+11^2+12^2+13^2+14^2}{365}=?$$

　　画中的老先生是俄国著名的数学家拉钦斯基（1836—1902）。拉钦斯基曾获自然科学博士学位，曾任莫斯科大学数学教授。1868 年，他为了推行大众教育，辞去了大学的职务，在自己家乡的庄园里办起了一所初等学校，并亲自当教师，教育和培养农民的孩子。他还为这所学校编写了大量的小册子，如《1001 道心算题》《算术游戏》《几何游戏》等。拉钦斯基创办的这所学校在俄国影响很大，所以，别尔斯基特为此作画一幅。拉钦斯基对画中的算术题解答如下：

因为

$$10^2+11^2+12^2=13^2+14^2=365$$

所以

$$\frac{10^2+11^2+12^2+13^2+14^2}{365}=\frac{365\times2}{365}=2$$

$10^2+11^2+12^2=13^2+14^2$ 可看作是著名的勾股定理 $3^2+4^2=5^2$ 的一个推广。把问题一般化，人们发现了以下的平方奇观

$$3^2+4^2=5^2$$

$$10^2+11^2+12^2=13^2+14^2$$

$$21^2+22^2+23^2+24^2=25^2+26^2+27^2$$

$$36^2+37^2+38^2+39^2+40^2=41^2+42^2+43^2+44^2$$

$$55^2+56^2+57^2+58^2+59^2+60^2=61^2+62^2+63^2+64^2+65^2$$

　　这个关于平方的最有趣，也是较复杂的"金字塔"最早出现于 1961 年出版的一本国外数学杂志中，你能继续写下去吗？你发现了什么规律？一般地，对于任意正整数 n，有恒等式

$$(2n^2+n)^2+(2n^2+n+1)^2+\cdots+(2n^2+2n)^2$$

$$=(2n^2+2n+1)^2+(2n^2+2n+2)^2+\cdots+(2n^2+3n)^2$$

上式的证明是比较容易的。

令 $2n^2+2n=m$，那么

$$(2n^2+n)^2+(2n^2+n+1)^2+\cdots+(2n^2+2n)^2$$

$$=(m-n)^2+(m-n+1)^2+\cdots+m^2,$$

$$(2n^2+2n+1)^2+(2n^2+2n+2)^2+\cdots+(2n^2+3n)^2$$

$$=(m+1)^2+(m+2)^2+\cdots+(m+n)^2。$$

以上两式右边与右边相减，得

$$[(m-n)^2-(m+n)^2]+[(m-n+1)^2-(m+n-1)^2]+\cdots+[(m-1)-(m+1)^2]+m^2$$

$$=-4m[n+(n-1)+\cdots+2+1]+m^2$$

$$=-2mn(n+1)+m^2$$

$$=m[m-2n(n+1)]=0$$

所以

$$(2n^2+n)^2+(2n^2+n+1)^2+\cdots+(2n^2+2n)^2$$

$$=(2n^2+2n+1)^2+(2n^2+2n+2)^2+\cdots+(2n^2+3n)^2$$

基本小知识

画 家

画家指精于绘画的人，是专门从事绘画创作与研究的绘画艺术工作者，包括油画、中国画、水粉画、水彩画、油彩画、壁画等绘画艺术类的创作者。以国别分类，如国画家、西洋画家。以作画材料分类，如水墨画家、油画家、素描画家。以题材分类，如山水画家、花鸟画家、人物画家、风景画家、肖像画家。以画家派别分类，如古典派画家、印象派画家、抽象派画家。

🔘 蜂房建筑艺术

　　蜜蜂生活在地球上已有几百万年了。为了储藏蜂蜜和养育后代，一群群蜜蜂可以在一昼夜间就能盖起成千上万间精致的蜂房，蜜蜂真可谓是卓越的建筑师。令人惊奇的是，每一间蜂房，都是一个六角形柱状体，它的一端有一个平整的六角形开口，另一端则是闭合的六角棱锥形的底。千百间蜂房紧密地排列在一起，每一间蜂房的墙壁，同时又是另外 6 间蜂房的墙壁，它们紧紧地连成一片。而在这一片蜂房的底面上，又筑起了另一片蜂房，向相反一面开口。这样，两片蜂房共用着一个公共的底。

　　蜂房不寻常的结构，吸引了许多人的注意。历史上不少科学家曾研究过蜂房，蜂房奇特的结构至今仍使许多人感兴趣。公元 320 年，古希腊数学家帕波斯在其名著《数学汇编》的第 5 卷中研究了一个十分有趣的问题：蜜蜂的智慧。对于蜂房的构造，有一段很精辟的描写："蜂房是盛装蜂蜜的库房，它是许许多多相同的六棱柱形，一个接着一个，中间没有一点空隙。这种优美设计的最大优点是避免杂物的掺入，弄脏了这些纯洁的产品。蜜蜂希望有匀称规则的图案，也就是需要等边、等角的图形……铺满整个平面区域的正多边形一共有 3 种，即正三角形、正方形和正六边形。蜜蜂凭着自己本能的智慧选择了角最多的正六边形。因为使用具有更大的面积，从而可以储藏更多的蜂蜜。"

　　蜂房的奇妙结构，绝不仅仅是表面上的正六边形。通过进一步观察，科学家发现，蜂巢的底是尖的。它是由三个大小完全相同的菱形蜡板彼此毗邻相接所拼成。人们测出拼成蜂巢底部的每个菱形蜡板，钝角都是 109°28′，锐角则都等于 70°32′。法国物理学家雷奥姆赫猜想，蜂房底部的菱形之所以选择这样特定的角度，是因为在相同的容积下最节省材料。他特地请教了巴黎科学院院士、瑞士数学家科尼格，科尼格证实了雷奥姆赫的猜想是对的。不

过计算的结果却是 $109°26'$ 和 $70°34'$，与马拉尔蒂测量的角度只有两分之差。一个是实地测量出来的，一个是数学家计算出来的，两者相差两分，究竟谁对谁错一时成了不解之谜。人们认为蜜蜂解决这样复杂的极值问题只有两分的误差，是完全可以允许的。科尼格甚至说蜜蜂解决了超出古典几何范围而属于牛顿—莱布尼茨微积分的问题。但他的计算始终没有发表，只是在法国《科学院论文集》（1739 年）上刊登了一个简介，至今人们不知他用的是什么方法。

1743 年，苏格兰著名数学家马克劳林重新研究蜂房的结构，得到了更惊人的结果。他用初等几何方法，算出最省材料的菱形钝角是 $109°28'$，锐角是 $70°32'$，和马拉尔蒂测量的结果不差分毫。这两分的误差，不是蜜蜂不准，而是科尼格算错了。于是"蜜蜂正确而数学错误"的说法便不胫而走，使蜂房问题增加了传奇的色彩。后来人们才发现也不是科尼格的错误，原来是他所使用的对数表有一个印刷错误。虽然科尼格的计算方法没有留下来，但人们估计他用了这张对数表。有趣的是，对数表的错误也是偶然被发现的，一艘船只由于应用科尼格使用过的对数表来确定经纬度而不幸沉没。

趣味点击 蜜蜂的生活环境

蜜蜂类的地理分布取决于蜜源植物的分布，全世界均有分布，而以热带、亚热带种类较多。不同亚科或属的分布有一定局限性，例如蜜蜂科的熊蜂以北温带为主，可延伸到北极地区，而在热带地区则无分布记录。

蜜蜂如此出类拔萃的"建筑艺术"，使数学家、建筑学家和生物学家赞叹不已。伟大的英国生物学家达尔文这样说过："蜂巢的精巧构造十分符合需要，如果一个人看到蜂巢而不倍加赞扬，那他一定是糊涂虫。"人们从蜂巢工艺的启示中，设计出许多质轻、耐用、隔音、隔热的"蜂巢结构"，广泛应用于飞机、火箭和建筑工程上。

◑ 回文诗中的数学

　　中国是诗歌的故乡，古体诗里有一种叫回文诗的，它按一定的规则排列成文，顺着读和倒着读，都是优美的诗篇。北宋王安石（1021—1086）曾写过一首五言回文诗：

　　"碧芜平野旷，黄菊晚村香。客倦留甘饮，身闲累若吟。"

　　相传回文诗始于前秦将军窦滔的妻子苏惠，她边织锦边作回文璇玑图诗，有 200 余首，计 800 多字，纵横反复，皆成佳句。历代文人也常做此类文字游戏，萧纲（梁简文帝）有回文诗一首《纱窗铭》，宋朝大诗人苏轼（1036—1101）也作过回文诗。

> **趣味点击　回文诗**
>
> 　　回文是汉语特有的一种使用词序回环往复的修辞方法，文体上称之为"回文体"。而回文诗是一种按一定法则将字词排列成文，回环往复都能诵读的诗。这种诗的形式变化无穷，非常活泼。能上下颠倒读，能顺读倒读，能斜读，能交互读。只要循着规律读，都能读成优美的诗篇。

　　无独有偶，数学里也有这样一种数，无论从左读到右还是从右读到左，都是同一个数，这就是回文数。

　　最小的回文数是什么？当然非 1 莫属了。当然 1，2，3，4，5，6，7，8，9 都是回文数。

　　1 位回文数有 9 个。2 位回文数也有 9 个。3 位回文数就多了，不妨把它们排成一个数阵：

$$101 \quad 111 \quad \cdots \quad 191$$
$$202 \quad 212 \quad \cdots \quad 292$$
$$\vdots \qquad \vdots \qquad \quad \vdots$$
$$909 \quad 919 \quad \cdots \quad 999$$

这个数阵有 9 行 10 列，所以 3 位回文数有 $9 \times 10 = 90$ 个。

用同样的方法可知，4 位回文数也有 90 个。再往下统计，用这个方法就显得太"原始"了。下面用乘法原理解决这个问题。

一个 n 位回文数，它由前 $\left[\dfrac{n+1}{2}\right]$ 表示不大于 x 的最大整数位上的数字所确定，它的首位上的数字只能是 1，2，3，4，5，6，7，8，9，有 9 种可能，它的第二位，第三位，…，第 $\left[\dfrac{n+1}{2}\right]$ 位上的数字分别可以是 0，1，2，3，4，5，6，7，8，9，均有 10 种可能，根据乘法原理，n 位回文数有 $9 \times$ $\left[\dfrac{n-1}{2}\right]$ 个。

故事中的数学

数学是人们通过长期的生产生活实践而产生的一门科学，因为来自现实生活，所以数学往往和事件存在着紧密的联系。于是，也就有了数学、故事的结合。

可能对一部分人来说，数学是抽象枯燥的，其对数学的理解往往就是数字、公式、符号等因素之间的复杂关系。然而人们在故事中发现数学却是非常生动而有趣的。

在读故事的同时，思考其中的数学知识或是原理，不仅能够更深刻地理解故事情节以及发展脉络，同时更能够增加对于数学的学习兴趣，加深理解以及强化记忆。

故事中的数学，有精彩的故事，更有应该学习的数学知识！

丢失的钱币

有位农夫一边走一边抱怨："实在太苦了！我为什么过得那么辛苦呢？人又穷又苦活着还有什么意思？口袋里只有几个铜板，一下子就会花光了。可是有些人不但很富有，财源还滚滚而来，这实在太不公平了，谁能帮助我变得富有呢？"

话说完的一刹那，恶魔出现在他眼前。

"你刚才说什么？如果你需要钱，我可以帮你，因为这实在太简单了！你看见那座桥没有？"

"看到了。"农夫点点头，心里非常恐惧。

"你只要走过那座桥，你口袋中的钱就会增加一倍，再走回来又增加一倍，每走一次桥，你的钱就会变成两倍。"

"真的吗？"农夫不敢相信。

"当然是真的！"恶魔很肯定地回答，"我告诉你的绝不会错！不过，我要你的钱每增加一倍时就给我 24 戈比，你说怎么样？"

"先生，没问题！"农夫爽快地回答，"我每过一次桥钱就多了一倍，所以每次给你 24 戈比根本不算什么，我现在可以开始了吗？"

果真，农夫走过那座桥，钱就增加一倍，他遵守诺言付给恶魔 24 戈比，再回头走第二次，钱又多了一倍，他当然又数了 24 戈比给恶魔。接着再走第三回，口袋里的钱又变成两倍，但此时农夫的钱恰好是 24 戈比。为了遵守约定，农夫只好把钱通通给了恶魔，可怜的他身上连一毛钱都没剩下。为什么会这样呢？

事实上，最后一次过桥之后，农夫身边刚好有 24 戈比。由此可见，在第 3 次过桥前，他只有 12 戈比，但这 12 戈比是他给恶魔 24 戈比之后所剩下来的，因此原本应该有 36 戈比。那么在第 2 次过桥前，农夫身上的钱应该是 18

戈比，而这 18 戈比也是他在第 1 次过桥后给恶魔 24 戈比所剩余的，所以原来应有 18＋24＝42（戈比），于是我们可以知道，农夫在第 1 次过桥前身上有 21 戈比。

☞ 多赚了一戈比

两位农妇到市场里卖苹果，其中一位农妇每 2 个苹果卖 1 戈比，另一位则每 3 个苹果卖 2 戈比。

她们篮中分别有 30 个苹果，第一位农妇估计自己卖完苹果之后可赚 15 戈比，第二位农妇则预估要赚 20 戈比，二人合起来共赚 35 戈比。

为避免恶性竞争，二人商量之后决定把苹果合起来卖，第一位农妇说："我的苹果每 2 个卖 1 戈比，你则是每 3 个卖 2 戈比，如果我们想获得预定的钱，全部 60 个苹果应该每 5 个卖 3 戈比才对。"

于是二人把苹果合在一起（总共 60 个），每 5 个就卖 3 戈比。

卖完之后才觉得奇怪，因为结果比预定多出 1 戈比，也就是 36 戈比，这多余的 1 戈比是怎么来的呢？二人都觉得莫名其妙，请问到底是怎么一回事呢？多出来的 1 戈比要给谁比较公平呢？

当两位农妇为了这项意外的收入而苦思不解时，旁边两位农妇听见这情形，也想多赚 1 戈比。

这两位农妇也各带了 30 个苹果，第一位农妇每 2 个苹果卖 1 戈比，第二位农妇每 3 个苹果卖 1 戈比，因此，她们预定全部卖完时，第一位农妇可得 15 戈比，第二位农妇可得 10 戈比，合计应该得 25 戈比才对。她们模仿前面二人的方式合作卖苹果，第一位农妇说："既然我的苹果每 2 个 1 戈比，你的每 3 个 1 戈比，那么，我们每 5 个苹果卖 2 戈比，就能得到预定的数目。"

于是她们把苹果弄成一堆，每 5 个就卖 2 戈比，可是全部卖完后只得到 24 戈比，换句话说，也就是亏损了 1 戈比。

两位农妇不知道为什么会这样？还有到底谁必须负担那亏损的 1 戈比呢？

实际上，农妇将她们所带来的苹果混在一起出售时，已经不知不觉地改变了售价。了解这点之后，问题就很容易解决了。

现在我们来看后面那两名农妇的实际情形。

当第一位农妇和第二位农妇要出售自己的苹果时，第一位农妇打算每个苹果卖 $\frac{1}{2}$ 戈比，第二位农妇则计划每个苹果卖 $\frac{1}{3}$ 戈比，可是当两人把苹果混在一起卖的时候，每 5 个售价 2 戈比，也就是每个苹果卖 $\frac{2}{5}$ 戈比。

换句话说，第一位农妇并没有按照她原先的打算——每个苹果卖 $\frac{1}{2}$ 戈比，而是以 $\frac{2}{5}$ 戈比的价格出售。

在每个损失 $\frac{1}{10}$ 戈比的情况下，第一位农妇在卖完 30 个苹果之后一共损失了 3 戈比。

但是，第二位农妇的情形却刚好相反。当她和第一位农妇联合出售时，她每卖出 1 个苹果就多赚 $\frac{2}{5} - \frac{1}{3} = \frac{6-5}{15} = \frac{1}{15}$（戈比），30 个苹果全数卖出之后，总共多赚了 2 戈比。

最后，第一位农妇损失 3 戈比，第二位农妇多赚 2 戈比，合起来仍然亏损 1 戈比。

以这道理来看前面两名农妇的情况，也就很容易找出"为什么会多赚 1 戈比"的原因。

基本小知识

货　币

　　从商品中分离出来固定地充当一般等价物的商品，就是货币。货币是商品交换发展到一定阶段的产物。货币的本质就是一般等价物，具有价值尺度、流通手段、支付手段、贮藏手段、世界货币的职能。

🔷➤ 马车夫的糊涂账

在客栈门口，一个脾气暴躁的乘客，一看见马车夫立刻问道：

"你是不是该把马牵过来准备一下了？"

"你说什么？"马车夫回答，"30 分钟以后才要出发，在这段时间里，我可以将马绑上又解开 20 回呢！我不是新手……"

"哦，那么你的马车能系几匹马？"

"5 匹。"

"系那么多马需要几分钟？"

"顶多 2 分钟。"

"真的？"乘客怀疑地问，"5 匹马在 2 分钟之内绑好！这速度快得令人无法置信。"

"这没什么。"马车夫露出自负的神情，"从马厩里把马牵出来，套上马具，然后装上有支棍的拖绳和马缰，再把支棍上的铁环挂在挂钩上，接着把中间的马很牢靠地绑在车辕上，然后握住马缰，跃上驾驶座，高喊一声：'出发！出发！'就大功告成了！"

"嗯，真好。"乘客不禁肯定地说，"我相信你能在 30 分钟内将马绑好又松开，连续 20 回。但如果把马一匹匹地解开、绑住，你可能一两个小时都做不完。"

"才不会呢！"马车夫很傲慢地说，"你的意思是不是把 1 匹马绑好之后，再解开换另 1 匹？不管是以什么方式，我都能在 1 小时之内把它们全部绑好，1 匹弄好之后换另 1 匹，这样不就行了嘛，这很简单啊！"

"不，不，我的意思不是这样。并不是叫你把马按我喜欢的方式来换……"乘客急忙解释道，"如果你所言不虚，每换 1 匹马只需 1 分钟即可，那么，我要你把 5 匹马变成所有可能的顺序。这样你需要费多少时间？"

由于自尊心作祟，马车夫很快地回答：

"还是一样，我绝对能在 1 小时之内，把马匹能够变换的位置全部更换一遍。"

"如果你真的能在 1 小时之内做好，我就给你 100 卢布。"乘客和马车夫打赌说。

"好！如果我没有办法做到，虽然我并非不想赚钱，但还是免费载你一程，如何？"糊涂的马车夫答道。

由于马车夫只顾着逞口舌之快，因此没想到自己必须换多少回马，注定了他必败的结局。

以 1、2、3、4、5 分别代表 5 匹马，而这 5 个数字的排列组合，总共有几种情形呢？

我们知道，2 个数字的排列方式有（1，2）与（2，1）两种，而 1、2、3 这 3 个数字的排列方式，以 1 为首的情形有两种，同时，以其他数字为首也有同样的情形，于是这 3 个数字的排列方式有 $3 \times 2 = 6$（种）。

实际的排列情形如下：

123，213，312

132，231，321

以此类推，那么 4 个数字的排列方式，以 1 为首的情形就有 6 种，所以，把 4 个数字全部改变排列的方式有 4×6 种（因为固定为首的数有 4 个）。

$4 \times 6 = 4 \times 3 \times 2 \times 1 = 24$

同理，把 5 个数字重新排列，不论以 1、2、3、4 或 5 为首，各有 24 种排列情形，因此，总共有

$5 \times 24 = 5 \times 4 \times 3 \times 2 \times 1 = 120$ 种排列方式

由以上的例子可推论出，n 个数字（1，2，3，…n）的排列总数与 1，2，3，…，n 的积相等，一般都以 $n!$ 来表示。

现在我们回到正题，前面已经算出马车夫总共要换 120 回马，每 1 回至少需要 1 分钟，因此，全部换好至少需要 2 小时，马车夫是必输无疑。

的卢马

的卢马是刘备的坐骑。一次刘备遇难，骑的卢马逃跑，危急之时落入檀溪中，刘备着急地对的卢马说："的卢，今天遇到大难，你一定要帮忙呀！"于是，的卢一跃三丈，带刘备逃出险境。

▶ 换一根短的杠杆

据传说，在阿基米德晚年，他的家乡叙拉古城被强大的罗马帝国围困，在保卫城墙的战斗中，阿基米德充分动用了他的智慧和才能，发明许多特种武器，给敌人以沉重的打击，使得久攻不下的罗马军队只得弃强攻为封锁。后来，叙拉古城由于矢尽粮绝，才被罗马军队占领。在保卫古城堡的最后一天，阿基米德看到城堡的一角，几名将士正用一根既沉重又长的杠杆在运一块大石，准备消灭入侵之敌，他好像突然想起什么似的猛然站起来高喊道："不要那么长的杠杆，换一根短的。"将士们惊呆了，用短杠杆怎么行？杠杆原理不是要加长力臂才省力吗？

遗憾的是由于城堡被敌人攻破，阿基米德还没来得及回答将士们的问题，就被罗马士兵杀害了。

这个传说是否真实，我们不必考证，但是，我们关心的是为什么阿基米德突然想到要换一根短杠杆呢？只要我们细心一想，就会发现这位古代科学家所提问题的道理，诚然加长力臂能省力，但是随着杠杆长度的增加，人们的无用消耗也将增加。那么，究竟采用多长的杠杆才最省力呢？

不妨假设杠杆的支点、力点分别为 A、B，在距支点 0.5 米处的点挂重物 490 千克，已知杠杆本身每米长重 40 千克，求最省力的杠杆长？

显然，我们可以得这样一个关系式：

$$FX = 40X \cdot \frac{X}{2} + 490 \times 0.5$$

可转化为关于自变量 X 的二次方程：$20 \times X^2 - FX + 245 = 0$。于是，利用判别式法求出 F 的极值，即：

$$\triangle : F^2 - 40 \times 20 \times 245 \geqslant 0$$

拓展阅读

复式杠杆

　　复式杠杆是一组耦合在一起的杠杆，前一个杠杆的阻力会紧接地成为后一个杠杆的动力。几乎所有的磅秤都会应用到某种复式杠杆机制。其他常见例子包括指甲剪、钢琴键盘。1743 年，英国伯明翰发明家外艾特在设计计重秤时，贡献出复式杠杆的点子。他设计的计重秤一共使用了四个杠杆来传输负载。

即 $F \geqslant 140$

故当 $F = 140$ 千克时，$X = 3.5$ 米。

　　由此可知，最省力的杠杆长为 3.5 米，此时人们只用 140 千克力就可移动 490 千克重的物体。事实上，当杠杆比 3.5 米长了或短了时，所用的力都要大。例如，取 4 米时，$F = 141.25$ 千克，显然用力大于 140 千克。现在，我们已说明了阿基米德说"不要用那么长的杠杆，换一根短杠杆"的道理。

阿基米德分牛

　　1773 年，有人发现了一册宝贵的古希腊文献的手抄本，上面记载了所谓"阿基米德分牛问题"，阿基米德曾把这一问题送给古希腊亚力山大城的天文学家厄拉多塞尼，向这位亚力山大的名人挑战。

　　分牛问题转述如下：

　　西西里岛的草地上，太阳神的牛群中有公牛也有母牛，公牛、母牛都是白、黑、花、棕 4 种毛色；白色公牛多于棕色公牛，多出的头数是黑色公牛的 $(\frac{1}{2}+\frac{1}{3})$；黑色公牛多于棕色公牛，多出的头数是花公牛的 $(\frac{1}{4}+\frac{1}{5})$；花公牛多于棕色公牛，多出的头数是白色公牛的 $(\frac{1}{6}+\frac{1}{7})$；白色母牛是黑牛的 $(\frac{1}{3}+\frac{1}{4})$；黑色母牛是花牛的 $(\frac{1}{4}+\frac{1}{5})$；花母牛是棕色牛的 $(\frac{1}{5}+\frac{1}{6})$；棕色母牛是白色牛的 $(\frac{1}{6}+\frac{1}{7})$。

你能算出各色公牛与母牛各是几头吗？

上述分牛问题的数学模型如下：

设 x_1，y_1，z_1，t_1 分别是白、黑、花、棕四色公牛的头数，x_2，y_2，z_2，t_2 分别是白、黑、花、棕四色母牛的头数。则这 8 个未知数应满足不定方程组

$$x_1-t_1=(\frac{1}{2}+\frac{1}{3})\,y_1 \qquad\qquad (1)$$

$$y_1-t_1=(\frac{1}{4}+\frac{1}{5})\,z_1 \qquad\qquad (2)$$

$$z_1-t_1=(\frac{1}{6}+\frac{1}{7})\,x_1 \qquad\qquad (3)$$

$$x_2=(\frac{1}{3}+\frac{1}{4})\,(y_1+y_2) \qquad\qquad (4)$$

$$y_2=(\frac{1}{4}+\frac{1}{5})\,(z_1+z_2) \qquad\qquad (5)$$

$$z_2=(\frac{1}{5}+\frac{1}{6})\,(t_1+t_2) \qquad\qquad (6)$$

$$t_2=(\frac{1}{6}+\frac{1}{7})\,(x_1+x_2) \qquad\qquad (7)$$

(1)，(2)，(3) 是关于 x_1，y_1，z_1，t_1 的不定方程组，之中无 x_2，y_2，z_2，t_2 参与，可以独立求解；之后，再把 x_1，y_1，z_1，t_1 代入 (4)，(5)，(6)，(7)。由 (1)，(2)，(3) 得

$$x_1 = \frac{742}{297}t_1, \quad y_1 = \frac{178}{99}t_1, \quad z_1 = \frac{1580}{891}t_1$$

由于 $\frac{742}{297}$，$\frac{178}{99}$，$\frac{1580}{891}$ 都是既约分数，所以 t_1 能被 99，297 和 891 除尽，故应取 $t_1 = 891t$，t 是正整数，这时

$$x_1 = 2226t, \quad y_1 = 1602t, \quad z_1 = 1580t, \quad t_1 = 891t \tag{8}$$

把 (8) 代入 (4)，(5)，(6)，(7) 得

$$12x_2 - 7y_2 = 11214t \tag{9}$$

$$20y_2 - 9z_2 = 14220t \tag{10}$$

$$30z_2 - 11t_2 = 9801t \tag{11}$$

$$42t_2 - 13x_2 = 28938t \tag{12}$$

由 (9)，(10)，(11)，(12)，解得

$$x_2 = \frac{7206360}{4657}t, \quad y_2 = \frac{4893246}{4657}t$$

$$z_2 = \frac{3515820}{4657}t, \quad t_2 = \frac{5439213}{4657}t$$

由于 $\frac{7206360}{4657}$ 是既约分数，所以可令 $t = 4657\tau$，其中 τ 是正整数。于是得各种牛的数目为

$$x_1 = 10366482\tau, \quad y_1 = 7460514\tau, \quad z_1 = 7358060\tau, \quad t_1 = 4149387\tau;$$

$$x_2 = 7206360\tau, \quad y_2 = 4893246\tau, \quad z_2 = 3515820\tau, \quad t_2 = 5439213\tau;$$

$$\tau = 1, 2, 3, \cdots$$

即使 $\tau = 1$，太阳神的牛最少也有 50389028 头，小小西西里岛岂能容得下 5000 多万头牛，显然这是天才的阿基米德为了戏弄厄拉多塞尼等人而杜撰的数学游艺题；从题文也可看出破绽，其已知数据为 $\frac{1}{2} + \frac{1}{3}$，$\frac{1}{3} + \frac{1}{4}$，$\frac{1}{4} + \frac{1}{5}$，$\frac{1}{5} + \frac{1}{6}$，$\frac{1}{6} + \frac{1}{7}$，实际问题哪会有这么凑巧的已知数据。在本题的假设之下，各种牛的最少头数为：

白公牛：10366482，白母牛：7206360；

黑公牛：7460514，黑母牛：4893246；

花公牛：7358060，花母牛：5315820；

棕公牛：4149387，棕母牛：5439213。

基本小知识

阿基米德

阿基米德（前287—前212），古希腊哲学家、数学家、物理学家。出生于西西里岛的叙拉古。阿基米德到过亚历山大里亚，据说他住在亚历山大里亚时期发明了阿基米德式螺旋抽水机。后来阿基米德成为兼数学家与力学家的伟大学者，并且享有"力学之父"的美称。阿基米德流传于世的数学著作有10余种，多为希腊文手稿。

◖▸ 阿基米德测王冠

　　公元前，叙拉古地方有一位国王海隆，他命令金匠替他打造一只金冠，规定全部用纯金制造。不久，金匠把王冠打造好了，就进呈国王过目。海隆看见光辉灿烂的王冠，非常欢喜，打算重重地赏赐匠人。但有人对国王说金匠可能在制造时揩了一点油，在王冠里渗进去了一部分银子，因而就贬损了它的价值。国王听了这话很怀疑，他想仔细地查究这王冠到底是不是用纯金制成的。但国王又很喜欢这顶王冠的式样，因此他又严格地规定了无论什么人，在查究时决不允许把王冠毁损一丝一毫。对于这件事情，朝中大臣们都认为国王的条件太苛刻了，他们都感到束手无策，不能从命。国王海隆看见他的臣子们很不中用，也很烦恼，但是他不久就想到了他的顾问——国内第一聪明人，伟大的数学家和物理学家阿基米德，他决定把这件事交给阿基米德去办理。

　　"要查出王冠到底是用纯金制造的，还是掺进了一些银子，但又不许损害

王冠。"这的确是件相当艰巨的任务，阿基米德对这个题目左思右想，废寝忘食，费尽了脑筋。

他所花的艰苦劳动，毕竟不是白费的，有一天，阿基米德去洗澡。当他脱光衣服，把身体浸在浴盆里的时候，他感到有一股浮力，自己身体像是轻了一点，同时浴盆里又泼出了一些水。这种现象，以前他是司空见惯，毫不为奇的，但这时他正被王冠的难题困扰着，他的思想已经高度集中起来，几乎连睡梦里都要去想它。因此，当看到这个现象之后，他就不自觉地又联想到王冠上面去，这时他的头脑里忽然一亮，领悟到一个物体在水中所失去的重量，正好等于它所排开的水的重量（这便是我们在初中物理书常见的阿基米德原理）。用这个方法，岂不可以检验出王冠有没有掺假，并且又可以一点也不损伤这顶王冠。阿基米德再仔细回味咀嚼一下，愈想愈对劲，不禁一跃而起，竟忘记了自己还没有穿衣服，就赤身露体的跑到街上去，大声高喊："找到了！找到了！"从此他便解决了这个难题，并且为人类在流体静力学的领域内建立了第一个重要的定律。

➤ 聪明的王子

据传古代欧洲有位国王，一天他非常高兴，便给大臣们出了一道数学题，并许诺谁先解出了这道题就给重赏。他说："一个自然数，它的一半是一个完全平方数，它的三分之一是一个完全立方数，它的五分之一是某个自然数的五次方，这个数最小是多少？"

有位大臣的儿子十分聪明，第二天他就替父亲解出了这道题。

满足上述条件的数，必然是 2，3，5 的倍数，其值可以表示为 $N = 2^a \cdot 3^b \cdot 5^c$（其中 a、b、c 为自然数）。由于 $\frac{1}{2}N$ 是完全平方数，所以 $2^{a-1}3^b5^c$ 是完全平方数，那么 $a-1$ 必为偶数，即 a 为奇数，b、c 也必须是偶数；由于

$\frac{1}{2}N$是完全立方数，那么$b-1$就为 3 的倍数，即b为被 3 除余 1 的数，如 1，4，7，10，13…同理c是被 5 除余 1 的数，即 1，6，11，16，21…此外还要满足条件：a与b都是 5 的倍数，a与c都是 3 的倍数。所以，当$a=15$，$b=10$，$c=6$时，得满足条件的最小数为：$2^{15}\cdot 3^{10}\cdot 5^{6}$。

基本
小知识

欧　洲

　　欧洲面积 1016 万平方千米，有 40 多个国家和地区。西临大西洋，北靠北冰洋，南隔地中海和直布罗陀海峡与非洲大陆相望，东与亚洲大陆相连。地形以平原为主，大部分为温带海洋性气候。人口约 7.28 亿，约占世界总人口的 12.5%，是人口密度最大的一个洲。

🔘 国王赏不起的米

　　古印度有个大名鼎鼎的国王，非常爱玩游戏。

　　有一次，他突发奇想，下令在全国张贴招贤榜：如果谁能替国王找到奇妙的游戏，将给予重赏。

　　一个术士揭了招贤榜。他发明了一种棋，使国王玩得舍不得放手。国王高兴地问术士道："你要求本王赏赐些什么？"术士赶忙拜倒："大王在上，小小术士没有特殊的要求，只请大王在那棋盘的第一个格子里放下一粒米，在第二个格子里放下两粒米，在第三个格子里放下 4 粒米，然后在以后的每一个格子里都放进比前一个格子多一倍的米，64 个格子放满了，也就是我要求的奖赏了。"国王一听，这点米算什么，就一口答应了。可是，当找来算师一五一十地算了以后，使国王大吃一惊，原来这些米可以覆盖全地球，全世界要几百年才能生产出来，根本无法赏给这位术士。

为什么这个棋盘里的米会有这么多呢？

让我们算一算：

第一个格子里是 1 粒，第二个格子里是 2 粒，一共有 3 粒，或者，等于：

$$2 \times 2 - 1 = 3$$

加上第三个格子的 4 粒，一共是 7 粒，即

$$2 \times 2 \times 2 - 1 = 7$$

再加上第四个格子的 8 粒，共有 15 粒，即

$$2 \times 2 \times 2 \times 2 - 1 = 15$$

也等于：

$$2^4 - 1 = 15$$

所以，从第一格到第四格的米粒总数就等于 2 的 4 次乘方减去 1。那么，从第 1 格到第 64 格的米粒总数，将等于 2 的 64 次乘方减去 1，即：

$$\underbrace{2 \times 2 \times 2 \cdots \times 2}_{64次} - 1 = 2^{64} - 1$$

为什么这个数字会这么惊人呢？原来这个术士聪明地运用了数学上的几何级数，那是把 2 作为基本倍数，棋盘上的格数作为这个基本倍数的乘方，即 2 的 n 次方。棋盘上一共有 64 格，n 就等于 64，但是要减去第一格上那

你知道吗

古印度

古印度与古埃及、古巴比伦、中国并称为"四大文明古国"。古印度为世界文化留下了独特风格的遗产。

一粒米的数值，即 $2^{64} - 1$，然后再除以基本倍数减去第一格上数值的差，即 $2 - 1$。这样，

$$\frac{2^n}{2-1} - \frac{2^{64}}{1} = 2^{64} - 1$$

看来，一粒米、两粒米这个数目很小，算不得什么，可是，用几何级数一算，却成为一个不可想象的巨大数字。

🔶 曹冲称象

　　有人送给曹操一只大象，曹操想知道它的重量，这可难坏了属下的文武百官，因为那时谁也找不到这样一杆能称出这只象的体重的大秤。但是曹操六岁的小儿子曹冲却想出了一个好办法：他让官员们准备了一艘大木船，先把象牵到船上，在船身沉入水面的地方画上记号，再把大象拉上岸来，这时船身又浮了起来。然后往船上装石块，一直装到船身又沉到所画的记号处为止。最后再称那些石块，就得到了大象的重量。

　　曹冲所用的这种方法是很合理、巧妙的。从数学上分析，他运用了两种数学思想。第一是"等价"的思想，第二是"化整为零"的思想。称象有困难，于是转化为称与它重量相同的石头，这在数学上就是"等价"的思想。大象是完整的，称起来有困难；石块可以分别称，再求和。这在数学上就是"化整为零"的思想。

　　我们在解方程或方程组时，常常需要将方程（组）变形，使得变形后所得的方程（组）比原来的方程（组）要好解一些。但是，变形要掌握一条原则，就是要保持等价，即变形后的方程（组）与原方程（组）是同解的，否则就破坏了方程（组）的同解性。这种"等价变换"在数学中的应用是很广泛的。例如，

$$\begin{cases} x^2+2xy+y^2=9 \\ (x-y)^2+3(x-y)+2=0 \end{cases} \qquad (1)$$

这是一个二元一次方程组，要解这个方程组，必须先把它转化为与它等价的若干个二元一次方程组，即由（1）式得

$$\begin{cases} x+y=\pm3 \\ (x-y-2)(x-y-1)=0 \end{cases}$$

于是

$$\begin{cases} x+y=3 \\ x-y-2=0 \end{cases} \qquad (2)$$

或

$$\begin{cases} x+y=3 \\ x-y-1=0 \end{cases} \qquad (3)$$

或

$$\begin{cases} x+y=-3 \\ x-y-2=0 \end{cases} \qquad (4)$$

$$\begin{cases} x+y=-3 \\ x-y-1=0 \end{cases} \qquad (5)$$

这里，方程组（2）、（3）、（4）、（5）的全体与方程组（1）是等价的，显然方程组（2）、（3）、（4）、（5）都是二元一次方程组，是很容易解的。

从这个例题也可以看出，要解方程组（1），只要分别去解方程组（2）、（3）、（4）、（5）就可以了，把这 4 个方程组的解合并在一起，就是方程组（1）的解。在这里，就是运用了"化整为零""各个击破"，又"聚零为整"的数学思想。

知识小链接

曹 操

曹操，字孟德，小字阿瞒，汉族，沛国谯县（今安徽亳州）人。东汉末年著名的政治家、军事家、诗人。三国中曹魏的奠基人和主要缔造者，本为东汉丞相，后为魏王。

孙膑戏齐王

相传战国时代，齐王派大将田忌为先锋，孙膑为军师，屡攻北邻燕国。

燕国乃驷马名骥之产地，齐王与田忌掳得大批马匹。一日，齐王心血来潮，约田忌在泰山脚下的围猎场赛马。双方约定各自选上、中、下三种马各一匹比赛三局，每局胜者赢千金。同一等级的马，齐王的马比田忌的马略强，但田忌的上马比齐王的中马稍强，田忌的中马比齐王的下马稍强。齐王原以为田忌会用上马与其上马对抗，中马与中马对抗，下马与下马对抗，如此，田忌会连输三局，齐王赢得三千金已成定局。田忌忙找军师孙膑请教对策，孙膑笑曰："恭喜将军今日得胜千金！"田忌面带愁色而怨之："先生不可讥忌耳！"孙膑对田忌附耳献计，田忌笑曰："军师真神人也！"孙膑的策略用图论的语言可表述如下。

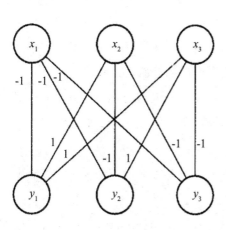

齐王的上、中、下三马分别记为 x_1，x_2，x_3，田忌的上、中、下三马分别记为 y_1，y_2，y_3，令 $X = \{x_1, x_2, x_3\}$，$Y = \{y_1, y_2, y_3\}$，构作 $K_{3,3}$，$V(K_{3,3}) = X \cup Y$，如左图。

各边上标出的 ± 1 是田忌相应的得分，胜得 1 分，败得 -1 分，每得 1 分，即赢得千金，得 -1 分，则输千金，例如 ⓧ ⓨ 表示上马对上马，田输千金。

$K_{3,3}$ 是每顶三次的二分图，由婚配定理，$K_{3,3}$ 中有完备匹配，且有三个无公共边的完备匹配。

$$M_1 = \{x_1 y_1, x_2 y_2, x_3 y_3\}$$
$$M_2 = \{x_1 y_2, x_2 y_3, x_3 y_1\}$$
$$M_3 = \{x_1 y_3, x_2 y_1, x_3 y_2\}$$

若田用 M_1 的对策，得分 $M_1 = (-1) + (-1) + (-1) = -3$，即输金 3 千；若田用 M_2 的对策，得分 $M_2 = (-1) + (-1) + (+1) = -1$，即输金 1 千；若田用 M_3 的对策，得分 $M_3 = (-1) + (+1) + (+1) = 1$，即田赢 1 千。可见田用下马对齐王上马，故意输一局，但失去了齐王的上马优势，用

中马对齐王的下马,用上马对齐王的中马,连扳两局,净胜一局。M_3 为上策。

在国际乒乓球锦标赛等赛事当中,为防止孙膑式的教练用排兵布阵的技巧以弱胜强,一般都采用运动员出场顺序抽签制。

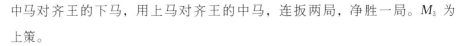

夫妻渡河

下面是四个妇孺皆知的民间数学游戏,我们很多人也都玩过这种趣题。

(1) 三对多心的夫妻同时来到一个渡口,欲到河对岸去,当时只有一条小船,最多能载两人,由于封建意识严重,妻在其夫不在场时拒绝与另外男子在一起,问应如何安排渡河才能最快地使 6 人都渡过河去?

(2) 人、狗、鸡、米都要渡过河去,小船除一人划船外,最多还能运载一物,但人不在场时,狗要吃鸡,鸡要吃米,问人、狗、鸡、米应如何安全渡河且所用时间最短?

(3) 有酒 8 升,装满一桶,另有只可装 5 升与 3 升的空桶各一,今欲平分其酒,应如何操作,才使分酒时间最短?

(4) 敌我各 2 名军事人员同到某地去谈判,途中要渡过一河,无桥。仅 1 艘最多能乘 2 人的小船,为了安全,敌我双方同时在场时,我方人员不能少于敌方人员,每次过河往返须用 10 分钟,问最快多少时间 4 人都可到对岸?

作者用这些趣题考过学生,聪明的孩子们兴趣盎然地反复摸索试探,大都能完成渡河或分酒的任务,但在试验过程中往往发生失败后重新开始的现象,如果追问是不是最省时间的最优方案,则无言以对了。

这些数学游戏充满了棋弈味,纯属杜撰,几乎没有什么实用价值。随你胡乱折腾,失败了可以重来。如果是一项价值连城的科学工作,例如人造地球卫星的发射,则绝对禁止临场随便试验了,必须事先经过缜密的设计和计算，才敢点火。更何况，还要求满足最优化的条件，要有确定的操作步骤。

下面以敌我渡河问题为例来说明此类数学游戏的解法。

敌我人员同时在场的允许状态共 6 种：

$(2, 2), (2, 1), (2, 0), (1, 1), (0, 1), (0, 2)$

括号内第一个数是我方在场人数，第二个数是敌方在场人数。以河的此岸这 6 种可能状态为 X 集，以彼岸这 6 种可能的状态为 Y 集，构作二分图 G $(X \cup Y, E)$，仅当两岸间的两种状态可以通过人员渡河互相转化时，在此二顶间连一边，见图 1。

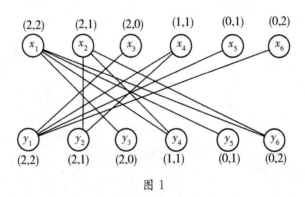

图 1

目标即求二分图 G $(X \cup Y, E)$ 中从 x_l 到 y_1 的最短轨。显然一次顶 x_3，x_5，y_3，y_5 不在所求的轨上。于是问题化成求图 2 中从 x_1 到 y_l 的最短轨。

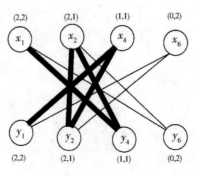

图 2

从图 2 看出，y_4 与 y_6 只能是所求最短轨的第二个顶点。于是从 x_1 出发到 y_1 去的最短轨如图 3 所示，这是树结构，从根 x_1 到四个叶 y_1 四条轨：

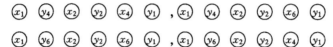

$x_1 \quad y_4 \quad x_2 \quad y_2 \quad x_4 \quad y_1$，$x_1 \quad y_4 \quad x_2 \quad y_2 \quad x_6 \quad y_1$

$x_1 \quad y_6 \quad x_2 \quad y_2 \quad x_6 \quad y_1$，$x_1 \quad y_6 \quad x_2 \quad y_2 \quad x_4 \quad y_1$

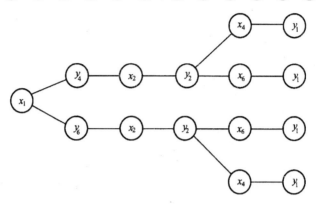

图 3

以 $x_1 y_1 x_2 y_2 x_4 y_4$ 为例，即从北岸敌 1 人我 1 人上船到达南岸，北岸剩下敌我各 1 人；我方 1 人从南岸乘船返回北岸，北岸我 2 人敌 1 人，南岸敌 1 人，我方 2 人乘船到南岸，这时，北岸敌 1 人，南岸我 2 人敌 1 人；我方 1 人乘船从南岸返北岸，北岸敌我各 1 人，南岸敌我各 1 人；敌我各 1 人从北岸乘船到南，于是 4 人都到达了南岸。

其他三条轨仿此运作，这四条轨皆长 5，都是最短的从 x_1 到 y_1 的轨，即都对应最省时间的一种渡河方案，每种方案用时 25 分钟。

趣味点击 "丈夫"的由来

人们通常谈到夫妇时，夫多被称为"丈夫"，妻子则被叫作"老婆"。这两种叫法、习俗相沿至今。原来，在我国有些部落，有抢婚的习俗。女子选择夫婿，主要看这个男子是否够高度。一般以身高一丈为标准。当时的一丈约等于七尺，有了这个身高一丈的夫婿，才可以抵御强人的抢婚。根据这种情况，女子都称她所嫁的男人为"丈夫"。

🐀 巨鼠岛之谜

　　美国几名考察队员去百慕大附近的一个小岛考察时失踪。为了了解失踪者的下落，又有四人乘一艘快艇在这个小岛登陆。在这四个人中，有两人是佛罗里达大学的学生，还有两人是正在热恋中的情人。

　　小岛荒无人烟，是野鼠的世界。这里的野鼠身材大得离奇，一头竟有三四十千克，且凶猛异常。考察组四人被鼠群包围，有三人葬身鼠腹，只有大学生杰克森侥幸跳海逃生。他带回的情报引起美国国家野生动物研究院院长查尔斯的重视，查尔斯认为有一些疑问需要解决：一个小岛，怎么会有数千只老鼠？老鼠的身躯怎么会这么大？小岛深处有一堆石块，形状大小规则，似乎是一间倒塌的石屋，这说明过去可能有人在此住过，这些人是谁？他们是干什么的？查尔斯把情况向美国国防部作了汇报，请求帮助。当时美国正好有支联合舰队在海上演习，海军司令克拉克将军派出一艘备有多辆坦克的军舰，护送杰克带领的一批考察队员第三次登上小岛。

　　坦克火力把鼠群赶出石堆，在石堆外围成一圈，用火力阻挡鼠群的进攻，保证考察队员安全地在石堆内考察。队员们在石堆内首先发现一只锈蚀的保险箱，证明这里确实有人住过。他们又在石块下面发现一块规则的泥块，砸开以后，里面是用油布包着的一包东西，打开油布包，原来是一本用德文书写的日记本，它终于揭开了这巨鼠岛的秘密。

　　原来，在第二次世界大战以前，德国纳粹集团秘密组织一支遗传学专家，在小岛上进行遗传学研究，打算培养出一支动物大军配合他们的侵略战争。这些专家利用遗传学原理，制成一种激素注射到老鼠身上，使得它们身体大到平常的几百倍，而且性情凶猛异常。可是，这些专家还没来得及让这批畜生投入战斗，巨鼠们就挣破牢笼，夺走了岛上几十名德国专家和工作人员的性命，真是"害人不成反害己"了。

老鼠的繁殖能力惊人。1对老鼠平均每胎生4只小老鼠，怀胎时间21天。就在生小老鼠的当天，它们又交配，开始孕育第二胎小老鼠。小老鼠的生长速度也快得惊人，一般出生后14天便能成熟，又可以繁殖它们的下一代。如果以一周为单位，老鼠的繁殖数量成以下的数列：

1，1，1，1，1，3，3，3，5，5，9，11，11，19，21，29，14，…

根据这个数列的规律，可以找出它的递推公式

$$F_n = 2F_{n-5} + F_{n-3} \quad (n > 6)$$

这里，F_n 表示第 n 周老鼠的只数，F_{n-5} 表示第 n 周以前 5 周老鼠的只数，F_{n-3} 表示第 n 周以前 3 周老鼠的只数。

由这个递推公式，我们可以用递推的方法求出任意一周老鼠的总数。由于一年为 52 周，那么 F_{52} 就是 1 对老鼠经过一年繁

你知道吗

百慕大

百慕大位于北大西洋，位于北纬 $32°14'$ 至 $32°25'$，西经 $64°38'$ 至 $64°53'$，距北美洲 900 多千米、美国东岸佛罗里达州迈阿密东北 1100 海里（1 海里＝1852 米）及加拿大新斯科舍省哈利法克斯东南约 840 海里。百慕大是历史最悠久的英国海外领地。

殖的老鼠数量。人们利用计算机编成程序，很快可以算出 $F_{52} = 9364$。这就是说，1 对老鼠一年能繁殖 9364 只，这就是巨鼠岛上鼠群繁殖成灾的原因。

喝不到水的乌鸦

还在上小学的时候，大概我们就知道了聪明的乌鸦投石喝水的故事。那时候，我们无不为乌鸦的办法叫好，没有人去考虑乌鸦是否真正能喝到水的问题。现在，我们从几何学体积计算的角度，倒真要研究研究这个问题了：乌鸦一定能喝到水吗？

不难想象，当乌鸦把各种各样形状的小石子扔到瓶里时，石子之间是不

可能没有空隙的。如果石子间的空隙较大，而且原来瓶子里的水又比较少，那么即使把瓶里扔进了很多石子（当然是有限的），水面也不一定升到瓶口。只有当瓶里原有水的体积比所丢的石子间全部空隙更大的时候，水才能充满石子间的空隙，升到石面上来，这样乌鸦才能喝到水。

那么瓶子到底应当有多少水，乌鸦才可能喝到水呢？

当然，这一个问题与石子的形状及其排列方法是有关的。为了简单起见，不妨我们假设乌鸦投进的石子都是大小一样的球体，那么很容易算出空隙部分的体积与瓶子体积的比大致是：

$$\frac{d^2 - \frac{\pi d^2}{6}}{d^3} = 48\%$$

这就表示，在上面的条件下，当瓶子里放满球形石子时，瓶里所有空隙的总和，等于瓶的容积的一半稍小一些。假如乌鸦

趣味点击 乌鸦在英国的形象

虽然乌鸦在中国现代的形象多为负面的，但却被英国王室视为宝贝。这是因为英国有一种传说：如果伦敦塔里所有的乌鸦离开的话，不列颠王国和伦敦塔将会崩溃。为了尊重古老的传说，现在的英国政府仍然负担开支，在塔内饲养乌鸦。相传只要塔内还有乌鸦，英格兰就不会受到侵略，反之，国家将会遭受厄运。为了确保这些乌鸦不会全都离开伦敦塔，它们其实已被剪除部分的羽翼而失去飞行能力，但人们对它们的照料非常细心。

聪明得很，能使各个石子彼此间挨得更紧密，那么至少空隙也得大于瓶子体积的 $\frac{1}{3}$（计算麻烦一些）。由此看来，我们可以得出这样的一个结果，瓶子里原来的水至少也要占瓶高的 $\frac{1}{3}$，乌鸦才能喝到水。

游戏中的数学

　　游戏和数学都是人类在长期社会实践中"发明"或是发现的，所以它们之间存在着紧密的联系。

　　游戏的精神一直伴随着数学科学的发展，并成为数学科学进步的主要动力之一。而数学知识的运用，也使游戏更加富有知识性和趣味性。无论是多米诺骨牌还是九连环等这些游戏都是数学与游戏结合的典型例子。

　　游戏的诞生，不仅是为了娱乐生活，也是为了在游戏中体验一种快乐的学习方式，所以游戏中的数学一定会吸引越来越多的爱好学习、爱好游戏的人，在这里，有不一样的游戏思考，有不一样的数学知识。

猜数字

将数字 1～12 排成圆形（如右图），利用这圆形可轻易猜出对方所设定的数。

在进行这项游戏时，可利用钟、表之类的物品，让对方设定某个时间，另一方面，也可使用骨牌来猜。那么，到底要如何猜出数字呢？

首先，请对方设定 1 个圆内的数字，然后猜数者任意指出圆内的数字，请对方在此数上加上 12（也就是此圆的最大数），结果可获得某数，请对方大声说出答案。接下来让对方从所设定的数开始，默数至刚刚大声回答的数字，同时，从你（猜数者）刚才所指定的数，逆时针方向，用手指一个个数下去，那么，对方最后所指的数，就是刚才所设定的数。

举例说明，假设对方设定 5，而你（猜数者）指定 9，在心中默默地把 9 加上 12，然后要求对方：

"从你所设定的数开始默数至 21，在数的时候，用手指从 9 开始，逆时针方向，指着圆周上的数字，数到 21 时把你所指的数字告诉我。"

当对方按你的指示数到 21 时，他的手指刚好指在他所设定的 5。

还可将这问题应用得更神秘一些。

首先请对方设定 1 个数字（假设是 5），你指定 9，在心中默默加上 12，然后开口说："现在我用铅笔（手指）打拍子，从你所设定的数开始，我每打 1 拍你就把数字加 1，一直加到 21 的时候，你大声喊'21'好不好？"

接着，你也按 9、8、7…1、12、11 的顺序打拍子，对方则在内心默数 5、6、7…当他喊"21"的时候，你刚好数到 5。

"你设定的数字是5，对不对？"

"是呀！你怎么知道？"对方心里一定很惊讶，这究竟是怎么一回事呢？

当然，这并非"魔术"，而是根据数学计算得来的。

要从5达到9，必须数5，6，7，8，9才行，因此要从9达到5，也得数9，8，7，6，5，只是顺序相反而已。如果指9说"5"，指8说"6"的话，那么要达到所设定的数字5，意味着要说出来的数字为"9"，接下来按此方向，将12个数通通数一遍，然后再回到5。因此从所指的数字9，逆时针方向9＋12，数到21时就能得到。

> ### 趣味点击　多米诺骨牌
>
> 多米诺骨牌是一种用木制、骨制或塑料制成的长方形骨牌。玩时将骨牌按一定间距排列成行，轻轻碰倒第一枚骨牌，其余的骨牌就会产生连锁反应，依次倒下。多米诺是一种游戏，多米诺是一种运动，多米诺还是一种文化。它的尺寸、重量标准依据多米诺运动规则制成，适用于专业比赛。

相反地，假定所设定的数为9，指着5的时候，从9～5按照顺时针方向（由小至大）依序数下去，9，10，11，12，12＋1，12＋2，12＋3，12＋4，12＋5数到17，所以，由5出发的时候，以逆时针方向数12＋5＝17，就能达到所设定的数字9。

🔍 玩具金字塔

准备木材或者厚纸板做成大小不同的圆板8张，以及3根垂直固定的木棒，同时每块圆板中央都有一个洞，现在将圆板按大小顺序套在1根木棒上，形成一个8阶的玩具金字塔。

问题就是将这金字塔从棒A转移到棒B，该如何做才能成功呢？此时有3根木棒（图中的Ⅰ、Ⅱ、Ⅲ）作为辅助之用，但必须遵守如下的条件：①1次

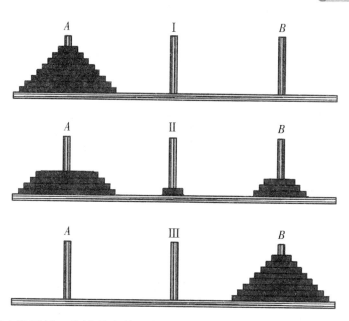

只能转移 1 张圆板，②被移出的圆板必须套在木棒上或比本身直径大的圆板上面，无论哪根木棒都不能使直径较大的圆板套在直径较小的圆板上面。

金字塔

在建筑学上，金字塔指角锥体建筑物。著名的有埃及金字塔，还有玛雅金字塔、阿兹特克金字塔等。相关古文明的先民们把金字塔视为重要的纪念性建筑，如陵墓、祭祀地，甚至是寺庙。

假如将 8 张圆板改成 64 张，就成为有关古印度传说的问题。据说，见那拉斯大神殿的圆屋顶就是地球的中心，黄铜的台座上坐着普拉马神，上方固定了长度约如蜜蜂的脚一般，大小和蜜蜂的腹部差不多的钻石棒 3 根。当世界诞生时，其中 1 根钻石棒套了 64 个中央有洞的纯金圆盘，

形态犹如圆锥台一般，因为圆盘的直径由上至下愈来愈大，而这里的神官从早到晚轮流将圆盘从第 1 根钻石棒移到第 3 根，第 2 根钻石棒则作为辅助之用，但必须遵守下述的条件：①1 次只能移动 1 个圆盘，②所移出的圆盘不是套在钻石棒上，就是套在直径比本身还大的圆盘上面。根据这两项条件，当

神官把 64 个圆盘全部由第 1 棒移至第 3 棒的时候，就是世界末日的来临……

为表示圆板正确的移动过程，由小至大依序将圆板设为 1、2、3…7、8，移动的过程请参考下面的表格。

	A 棒	辅助棒	B 棒
移动前	1, 2, 3, 4, 5, 6, 7, 8	—	—
第 1 次移动之后的情形	2, 3, 4, 5, 6, 7, 8	1	
第 2 次移动之后的情形	3, 4, 5, 6, 7, 8	1	2
第 3 次移动之后的情形	3, 4, 5, 6, 7, 8	—	1, 2
第 4 次移动之后的情形	4, 5, 6, 7, 8	3	1, 2
第 5 次移动之后的情形	1, 4, 5, 6, 7, 8	3	2
第 6 次移动之后的情形	1, 4, 5, 6, 7, 8	2, 3	—
第 7 次移动之后的情形	4, 5, 6, 7, 8	1, 2, 3	—
第 8 次移动之后的情形	5, 6, 7, 8	1, 2, 3	4
第 9 次移动之后的情形	5, 6, 7, 8	2, 3	1, 4
第 10 次移动之后的情形	2, 5, 6, 7, 8	3	1, 4
第 11 次移动之后的情形	1, 2, 5, 6, 7, 8	3	4
第 12 次移动之后的情形	1, 2, 5, 6, 7, 8	—	3, 4
第 13 次移动之后的情形	2, 5, 6, 7, 8	1	3, 4
第 14 次移动之后的情形	5, 6, 7, 8	1	2, 3, 4
第 15 次移动之后的情形	5, 6, 7, 8	—	1, 2, 3, 4

由此可知：当辅助棒空时，能套进的只有奇数号码（1 号，3 号，5 号等）的圆板而已。当 B 棒空时，能套进的只有偶数号码的圆板。所以，要移动上面 4 块圆板，必须把上面的 3 块移至辅助棒。由表可知，要进行 7 回这般的移动工作才行，然后把 4 号的圆板移到 B 棒，因此移动的次数已增加 1 回。最后，将 1～3 号的圆板由辅助棒移到 B 棒的 4 号圆板上面（此刻，A 棒担任

辅助棒的任务），这也是需 7 回才能移动完毕。

　　一般说来，在这条件下按照大小顺序将圆板移到圆柱上，首先要将 $n-1$ 的圆板移到 1 个空的地方，然后将 $n-1$ 的圆板全部移到圆柱上面。移动全体圆板所需要的次数，在 II 的罗马数字上加上各阶段的圆板张数来表示，可获得的关系如下：

$$II_n = 2II_{n-1} + 1$$

n 值为 1 的时候，依序代入即可得到。

$$II_n = 2^{n-1} + 2^{n-2} + \cdots + 2^3 + 2^2 + 2^1 + 2^0$$

此等比数列的和为

$$II_n = 2^n - 1$$

趣味点击　**金字塔中文名由来**

　　因为金字塔无论哪个角度看上去都像中国的汉字"金"，故金字塔在中国被称作金字塔。

　　因此，由 8 张圆板所形成的玩具金字塔，必须移动 $2^8 - 1$ 次的圆板，也就是 255 回才能达成问题的要求。

　　假设每移动 1 回需要 1 秒的时间，要把 8 张圆板所形成的金字塔，全部移到另一个棒上，要费 4 分钟。如果要把 64 个圆盘所形成的金字塔通通移完，则需 18446744073709551615 秒，相当于 50 亿世纪。

火柴棒游戏

　　邀请朋友和你一块玩下列的游戏。首先，在桌上放置 3 堆火柴棒，这 3 堆火柴棒的数目依序分别为 12 根、10 根、7 根。现在，从每堆里取出火柴棒，必须注意的是，每次只能取走其中 1 堆的火柴棒，即使整堆全部取走也无所谓，最后，以取到最后 1 根火柴棒的人获胜。现在举例来说明这个游戏。假设 A、B 两人进行比赛，其过程如下：

最初的情形	12	10	7
A 取完的情形	12	10	6
B 取完的情形	12	7	6
A 取完的情形	1	7	6
B 取完的情形	1	5	6
A 取完的情形	1	5	4
B 取完的情形	1	3	4
A 取完的情形	1	3	2
B 取完的情形	1	2	2
A 取完的情形	0	2	2
B 取完的情形	0	1	2
A 取完的情形	0	1	1
B 取完的情形	0	0	1

由于轮到 A 取最后 1 根，所以 A 获得胜利，但能够使 A 绝对获胜的方法如何？

知识小链接

二进制

二进制是计算技术中广泛采用的一种数制。二进制数据是用 0 和 1 两个数码来表示的数。它的基数为 2，进位规则是"逢二进一"，借位规则是"借一当二"，由 18 世纪德国数理哲学大师莱布尼茨发现。当前的计算机系统使用的基本上是二进制系统。

这问题的答案与二进制法有关，现在把 12、10 以及 7 以二进制法来表示。

12～1100

10～1010

7～111

于是得到 3 个二进制的各位数字纵列，除了最右边（最下面）的位数以外，任何位数各有 2 个 1，A 先做各位数没有 2 个 1 或者没有 1：

12～1100

10～1010

6～110

接着轮到 B 想破坏这一性质，故 A 又回复原来的情形。继续这项游戏，每次轮到 A，就把 B 所破坏的数字关系回复原状，使各纵列都有偶数个 1。

3 个正整数的组合都以二进制法表示的时候，任何纵列都会有偶数个 1，将其称为正规组，否则称为非正规组。

正规组往往被破坏为非正规组，同时，任何非正规组也必然回复为正规组的情形一目了然。因此，当同一位有奇数个 1 的时候，选择最左（最上位）和其位有 1 的数目，使其数变小回复为正规组即可，必须了解的是，很简单就能够做到。

拓展阅读

正整数

整数是不包括小数部分的数，正整数是指大于 0 的整数。例如 1，2，3 等可以用来表示完整计量单位的对象个数的数，是正整数。

当数组为非正规组的时候，先玩的人必然能赢得这场比赛，因此，他只须在轮到自己时做正规组即可，同时本来的组为正规组时（例如 12、10、6 以及 13、11、6），先玩的人一定输。在此时只能期待对方走错一步，把正规组变成非正规组，否则你是输定了，掌握领导权的人最后必能获胜。

火柴棒的堆数如果在 4 个或 5 个以上，不论任何情形，轮到你的时候，使任何位数的 1 都变成偶数个，那你就赢了。

蜘蛛抓苍蝇

某房间天花板的一角 C（图 1）有一只蜘蛛，同时，地板的一角 K 有一只苍蝇，请问蜘蛛爬到苍蝇那儿的最短途径怎么走？

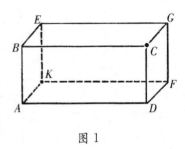

图 1

蜘蛛可以先沿着天花板的对角线 CE 爬行，然后沿边 EK 爬到苍蝇处即可，但仔细想想还有另一条路。

蜘蛛顺沿对角线 CF 在墙壁上爬行，然后顺沿 FK 到苍蝇处。同时，蜘蛛亦可沿 CA 以及 AK 的方向前进。

长方体的各部分都在对角线 CK 的中点形成对称，而路径 CDK 与 CBK、CGK 都和上面所叙述的 3 条路径等长。

那么，其中最短的是哪一条呢？

其实，这 3 条都不对，还有更短的路径存在，现在我们来找找看。

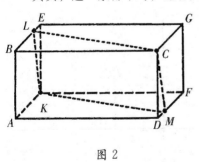

图 2

由于长方体的对称性，我们考虑蜘蛛的最短路径不须经过 ABEK 的路线。因为如图 2 所示，路径 KLC 的长度与路径 KMC 的长度相等，所以可说最短路径和边 EG、GF、FD、AD 之一相交。同时，其中 AD 与 EG 位于对称的位置，所以最短路径是和 EG、GF 和 FD 相交。

现在将形成房间的长方体展开成平面，可获得如图 3 的图。

现在蜘蛛在点 C，而苍蝇在点 K。由此图可清楚了解刚才前面所叙述的路径 CEK 与 CGK 并非最短的路径，想要走最短的捷径，只要把点 C 与 K 连接成一直线即可。此路径是与 EG 相交的一切路径中最短的一条。同样地，

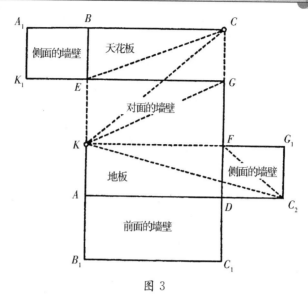

图 3

路径 KC_2 是和 FD 相交的一切路径中最短的一条（点 C_2 和长方体的顶点 C 相对应），比路径 C_2FK 更短。

　　为了得到和边 GF 所相交的一切路径中最短的路径，如图4所示，将房间展开成平面，可发现 KC_3 是和边 GF 相交的一切路径中最短的一条。

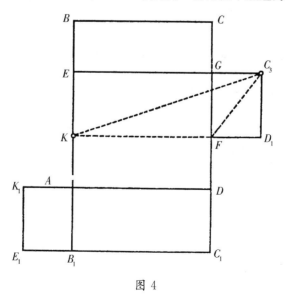

图 4

剩下的问题就是在此 3 条路径（KC，KC_2，KC_3）中，哪一条最短？这与房间的长、宽、高有密切的关系。

蜘　蛛

蜘蛛是节肢动物门蛛形纲蜘蛛目所有种的通称。除南极洲以外，全世界都有分布。从海平面分布到海拔 5000 米处，均陆生，体长 1～90 毫米。身体分头胸部和腹部两部分。头胸部覆以背甲和胸板。头胸部有附肢两对，第一对为螯肢，有螯牙，螯牙尖端有毒腺开口；直腭亚目的螯肢前后活动，钳腭亚目者侧向运动及相向运动；第二对为须肢，在雌蛛和未成熟的雄蛛呈步足状，用以夹持食物及作感觉器官，但在雄性成蛛须肢末节膨大，变为传送精子的交接器。

现在将宽 AD 以 a 来表示，高 AB 以 b 来表示，长 AK 以 c 来表示，由图 3 与图 4 可得到如下的等式：

$$|KG| = \sqrt{a^2 + (b+c)^2}$$
$$|KG_2| = \sqrt{(a+b)^2 + c^2}$$
$$|KG_3| = \sqrt{(a+c)^2 + b^2}$$

把等式中的括号拿掉，将根号内的整式加以比较，可以发现只有 $2bc$，$2ab$ 以及 $2ac$ 的项目不同罢了。把这 3 个积数除以 $2abc$，得到 $\dfrac{1}{a}$，$\dfrac{1}{c}$，$\dfrac{1}{b}$，由此可知，假如 $a > b$，$a > c$，那么最短径为 KG，假如 $c > a$，$c > b$，最短路径为 KG_2，假如 $b > a$，$b > c$ 的话，最短路径就为 KG_3。

拓展阅读

数学上的积数

能够分解成若干个素数因子之积的奇数，称为积数，即数学上的奇合数。最小的积数是 9。

换句话说，蜘蛛所走的最短路径是和边 EG，GF，FD 当中最长边相交的那条。

📌 巧解九连环

九连环不知道是什么时候发明的，由于年代久远，缺乏史料，许多人都认为它大概来自民间。16 世纪的大数学家、在普及三次方程解法中做出了卓越贡献的卡尔达诺在公元 1550 年（相当于我国明朝中叶）已经提到了九连环。后来，大数学家华利斯对九连环也作了精辟的分析。在明清两朝，上至所谓"士大夫"，下至贩夫走卒，大家都很喜欢它。

九连环一般都用粗铅丝制成，现在从事此道的民间艺人已经寥若晨星。它共有 9 个圆环，每一个环上都连着一个较细的线直杆，各杆都在后一环内穿过，插在白铁皮上的一排小孔里。杆的下端都弯一小圈，使它们只能在小孔里上下移动，但脱不出来。另外再用粗铅丝做一个双股的钗。

玩这种游戏的目的是要把 9 个环一个扣住一个地都套到钗上，或者从钗上把 9 个环都脱下来。不论是套上或脱下都不容易，要经过几百道手续，还得遵循一定的规律，用数学的行话来说，就是有一套"算法"。

先介绍两种基本动作。如果要把环套到钗上去，先要把环从下向上，通过钗心套在钗头上，这一个动作除了第一环随时可做外，其余的环因为有别的环扣住，都无法套上。但有一点要注意，如果前面有一个邻接的环已经套在钗上，而所有其他前面的环都不在钗上，那么，只要把这一个在钗上的环暂时移到钗头前面，让出钗头，后一环就可以套上去，再把前一个回复原位。

至于环从钗上脱下的基本动作，只要把上面的"上环"动作倒过来做就行了。

懂了这两种基本动作之后，我们还要多加练习，要做到不论套上或脱下都能运用自如。现在可以看出，如果只要套上第一环，只需一步手续就行了。

要套上第一、二两环，可先上第一环，再上第二环，因此，一共需要 2 步。如果要上 3 个环呢，手续就更麻烦了。必须先上好第一和第二两个环，还得脱下第一环，才能套上第三环，最后再上第一环，这样，一共需要 5 步。（为了统一起见，每移动一个环算作一步。）当环数更多时，手续必然更繁，如果一旦弄错，就会乱了套。幸而我国古代的研究家们早就考虑到了，他们根据古算的特色，创造了三句口诀："一二一三一二一，钗头双连下第二，独环在钗上后环。"（最后五步是一二一三一；脱环时最先五步是一三一二一。）

知识小链接

九连环

　　九连环是中国民间玩具。以金属丝制成 9 个圆环，将圆环套装在横板或各式框架上，并贯以环柄。游玩时，按照一定的程序反复操作，可使 9 个圆环分别解开，或合而为一。

　　换句话说，移动的手续是，每 8 步可作为一个单元，其中的前 7 步一定是"一二一三一二一"，至于到底应"上"还是"下"呢，这可依自然趋势而定。即原来不在钗上的应"上"，原来在钗上的应"下"。至于第八步则要看那时钗头的情况而定，如果有两环相连时，一定要脱下后一环；如果钗头只有单独的一环时。一定要套上后一环。以上就是口诀的意思，"算法"的全部奥妙就都在这里了。根据这三句口诀，解开或套上 9 个环，即使有 341 步之多，也不费吹灰之力了。据我国古代小说记载，民间老艺人把九连环全部解开来，只要五分钟左右。

　　1975 年，在国外出版了一本书，专门讲各式各样的数列。由于电子计算机的飞速发展，数学里有一种"离散化"倾向，因此，这本书的出版，被认为是前所未有的，得到了各方面的好评。在这本书里，也收罗着下面的数列：

　　1、2、5、10、21、42、85、170、341…

　　起先大家都莫名其妙，不知道它是干什么用的，因为它既非等差数列，又非等比数列，也不是一些有名的数列。但是，后来一经指点就恍然大悟了，原来它就是"九连环"数列。第一项的 1，表明解开 1 个环只要 1 步，第二项的 2，表明解开 2 个环需要 2 步……以此类推，由此可见，解开 9 个环，一共需要 341 步。

数 列

按一定次序排列的一列数称为数列。数列中的每一个数都叫作这个数列的项。排在第一位的数称为这个数列的第 1 项，排在第二位的数称为这个数列的第 2 项……排在第 n 位的数称为这个数列的第 n 项。

数列里头的各个数，到底有什么规律？是否非得死记不可？经过专家一研究、一分析，谜底终于揭穿了。原来，如果我们用 u 代表上述数列中的第 n 项，那么，就可以得出下面的公式：

当 n 是偶数时，$u_n = 2u_{n-1}$

例如，解开 8 个环需要的步数 170，正好是解开 7 个环需要的步数 85 的 2 倍。

当 n 是奇数时，$u_n = 2u_{n-1} + 1$

例如，解开 9 个环需要的步数 341，等于解开 8 个环需要的步数 170 的 2 倍再加上 1。

这样一来，我们有了 u_1，就能推出 v_2，有了 v_2 就能推出 v_3……顺藤摸瓜。这种方法就叫"递归"，是数学里一个非常重要的概念。如果要解开几个环，到底需要几步？有没有一个直接的计算公式呢？用数学的行话来说，就是要求出一个用 n 来表示 u_n 的函数关系，经过前人的研究，推出下列公式。

$$u_n = \begin{cases} \dfrac{1}{3}\,(2^{n+1} - 1) & \text{当 } n \text{ 为奇数时} \\ \dfrac{1}{3}\,(2^{n+1} - 2) & \text{当 } n \text{ 为偶数时} \end{cases}$$

于是，九连环的问题就圆满解决了。